「食」の図書館

鮭の歴史

SALMON: A GLOBAL HISTORY

NICOLAAS MINK
ニコラース・ミンク【著】
大間知 知子【訳】

原書房

目次

［……］は翻訳者による注記である。

序章◉アラスカの町シトカから

自然のすべては「食べる」の活用形である。

――ウィリアム・ラルフ・インゲ

［英国国教会司祭、ケンブリッジ大学教授、作家。1860～1954年］

◉最果ての地

上空から見れば、シトカはアラスカから細長く突き出したアレクサンダー諸島の、数千の島々の中にひっそりとたたずむ辺境の町にすぎない。荒涼として辺鄙《へんぴ》な、住みにくい狭い土地に作られた最果ての町だ。シトカの西にはどこまでも続く広大な太平洋が広がり、東には氷河をいただく急峻な峰がそびえる。大海原と氷河の間でひっきりなしに降る雨がトウヒやツガ［どちらも常緑針葉樹］、そして沼沢地《しょうたくち》を震わせ、荒涼とした不穏なこの土地が地上に残された温帯雨林の最後の偉大な遺産であると伝えている。

しかし、夏と秋にシトカを訪れれば、この土地に高くそびえる原生林よりも壮大な自然の営みに目を奪われる。それは年に1度の鮭の遡上《そじょう》だ。毎年数百万匹の鮭が生まれた場所に帰りたいという本能に駆り立てられ、群れをなして川をさかのぼり、そこで産卵したのち、数年前に稚魚だった彼らをはぐくんだ砂利や土の上で一生を終える。毎年、現在大西洋全体に生息している天然の鮭を上回る数の鮭が産卵のためにシトカ郡に帰ってくる。産卵の当たり年には、鮭の数はシトカの総人口の数千倍にもなる。

私が数年前にアメリカ中西部の肥沃な大草原からシトカに移り住んだのは、この土地の鮭の遡上について調べるためだった。シトカで暮らしていると、森林や川、そして文化や経済にいたるまで、この土地のすべてが鮭によって意味を与えられていることがわかる。鮭はシトカそのものであり、そこに住む人々の生態系、経済、文化、歴史、そして言うまでもなく、食生活の頂点に立っている。

シトカの鮭の遡上は、少なくとも8000年前からずっと続いている。およそ1万年前に最終氷期が終了して最後の氷河が南東アラスカの外岸から後退し、現在は休火山となっているエッジカム山が最終氷期の終わりにこの地域全体を3・5メートルの厚さの火山灰で覆った。その後、短期間で鮭はふたたびこの土地と川と森林をすみかとし、人間はそのあとで

アラスカ州シトカ沿岸で獲れたキングサーモンの炙り焼き。地元産のサーモンベリーサラダ添え。

わずかに遅れてやってきた。

　3000年前、シトカのもっとも古い住人たちはすでに簗《やな》［川の流れをすのこ状の台でせき止め、そこに魚がかかるのを待つ仕掛け］や罠《わな》かご、鉤竿《かぎざお》［竿の先についた鉤で魚をひっかける道具］からヤス［魚を突く道具］まで、鮭を獲るために工夫を凝らした高度な道具を使うようになっていた。そしてこれらの発明とともに、鮭はこの地域の主要な食べものとして、燻製《くんせい》や干物、塩漬け、生《なま》のままや醱酵させた状態で食べられるようになった。

　のちにこの地域に住みついた北アメリカ先住民族のトリンギット族も鮭を中心にした食文化を発達させた。トリンギット族は鮭をできるだけ多く獲るため、6月から12月にかけてリダウト湾やインディアン川、そしてスタ

アラスカ州シトカの海岸地域（19世紀終わり）

ーリーギャバン・クリークに移動式の釣りキャンプを設営した。これは1年のうち7か月にわたって鮭を獲るための文化であり、食生活を支える方法だった。

6月と7月にはリダウト湾でベニザケがはね、8月と9月にはカラフトマスとシロザケがインディアン川を遡上した。そして冬至の頃までに、スターリーギャバンの水路にギンザケが戻り、この地域で最後の遡上を終えると、トリンギット族の鮭漁は終わるのだった。

18世紀終わりにヨーロッパ人が北太平洋の西岸に船で来るようになると、豊富な鮭はイギリス、ロシア、フランス船の乗員が数か月ぶりに口にする新鮮な食料としておおいに喜ばれた。

1804年、アラスカに入植していたロシア人がシトカでトリンギット族の村を襲撃した。ロ

インディアン川で産卵する鮭を眺めるシトカの住人（19世紀終わり）

シア人はトリンギット族を追い出して、シトカの鮭を独占した。シトカで交易をしていたロシア人商人は、「この町でもっとも重要な食糧は――パンは別ですが――サケなのです」とぬけぬけと言い切った。鮭はいくらでも獲れたので、ロシア－アメリカ会社［1799年に北アメリカにおけるロシアの植民地開発を目的として設立された会社］はアラスカのロシア人植民者を支援するために、「鮭が遡上している（間は）……新鮮な鮭を無料で、それ以外の時期は塩漬けの鮭をやはりただで（ロシア人植民者に）提供した」

トリンギット族と同様、ロシア人はさまざまな方法で鮭を調理した。ユコラ（yucola）はアリューシャン列島先住民族のアレウト族によってロシア人に伝えられた一種の鮭の干物で、植民者たちの主食となった。干物の鮭はしばしば「カムチャッカのパン」と呼ばれた（カムチャッカとはロシアの東海岸にあり、オホーツク海と太平洋の間に位置する半島の名前だ）。

◉シトカの鮭、世界へ

ヨーロッパ人植民者の多くがそうだったように、ロシア人も自分たちが食べきれない分を輸出した。1810年代までに、シトカの鮭を中心にして、北アメリカ大陸西海岸で最初のヨーロッパ人による商業的漁業が始まった。10年もしないうちに、シトカ湾で獲れた鮭はサンクト・ペテルブルクやモスクワに住むロシア人貴族の食卓に上るようになった。

1867年、アメリカはアラスカを購入し、シトカ湾で産卵中の鮭を眺めながら記念式典を行なった。1878年にカッティング・パッキング・カンパニーがシトカ初の、そしてアラスカ全体では2軒目の缶詰工場を開いた。この工場は2年しか続かなかったが、その間に1万箱分の鮭を世界中に出荷した。まもなく、はるかに規模の大きいピラミッド・パッキング・カンパニーがカッティング社にとって代わり、ファラオ・ブランドの鮭の缶詰を生産した。

鮭は世界中で工業食品と化し、シトカではこれらの缶詰工場が、工業化した鮭に基づく新

シトカ沿岸で鮭のひき縄釣りをする漁船

しい経済を発展させ、メキシコ、ロシア、アメリカ、フィリピン、中国から労働者を招きよせた。シトカに群がる数十か国の国籍の人々は、この小さな漁業の町を拠点に発展する世界的な鮭経済の分け前に、ほんのわずかでもあずかろうとした。

この町は現在も北太平洋の鮭産業の重要な拠点のひとつになっている。シトカは鮭で成り立っている町だ。3つの大規模な加工工場と、5、6軒の小さな加工場から、年間1140万キログラムのシトカ産の天然鮭が世界各地に出荷される。世界中で消費される天然鮭のおよそ5パーセントがシトカ産という計算になる。

2011年には南東アラスカの鮭の水揚げが南西アラスカの名高いブリストル湾の鮭漁を上回り、南東アラスカは世界最大の鮭の産地のひとつになった。西はトンガス国立森林公園の豊かな水路、東は大陸棚から湧きあがる栄養豊富な深層の海水に囲まれたこの地域で、鮭は自然から文化へ、そして一地方の天然資源から世界的な食品へと変貌している。

◉「この世で一番うまくて、甘みがあって、濃厚な味」

もちろん、自然の産物を人間が食べられるものに変えるには、技術的な手段、民間伝承、そして風習という、いわば人間の文化における一式の工具《ツールキット》の助けが必要だ。私がそれを強く実感したのは、シトカから出発した初体験の釣り旅行のときだった。

見事に晴れわたった6月のある日、友人のスコットと私はめったに見られない輝く朝日に照り映える3匹のキングサーモンを釣り上げた。岸に戻ってスコットが1匹ずつさばき、私は現代のアメリカ人が生ゴミだと考える部分を袋に詰めた。鮭の頭、骨、卵、目玉は、普通は堆肥になるかゴミ箱行きだが、これまで――そしてこれからも――それらは文句なくおいしい食べものとして世界中の人々に食べられてきた。ここシトカでも、そうした部分を食べる人々がいる（聞いたところによれば、目玉はこの上なく美味で、口の中でとろけるようだという）。

鮭の目玉を避けながら、私たちは正午を少しまわった頃に作業を終え、3匹の鮭を半身ずつ家に持ち帰った。まさに完璧な半身で、肉の色は血のような赤からサンゴ色まであり、海を回遊するきらきら輝くキングサーモンに典型的なクリーム色の脂肪が層を作っていた。シトカで長い間漁師をしているエリック・ジョーダンは、このようなキングサーモンの半身を「この世で一番うまくて、甘みがあって、濃厚な味」だと言うが、この意見に反論できる人は少ないだろう。

翌週、私たちは自然の恵みに舌鼓を打った。オリーブオイルでソテーした鮭にマスタードとクレームフレーシュ［酸味の少ないサワークリーム］を混ぜたソースをかけ、レンズ豆を添

マスタード・クレームフレーシュとレンズ豆を添えたキングサーモンのソテー

えたクラシックなフランス風の一皿。塩コショウした鮭のオーブン焼きに白トリュフバターを載せ、焼きアスパラガスを添えたもの。炙《あぶ》り焼きにしたレモン風味の鮭にディル入りのアイオリ［ニンニクとマヨネーズを混ぜたソース］とブロッコリー、新ジャガイモのつけあわせ。続いてカレー風味の鮭のサラダ、そして一週間の締めくくりに、鋳鉄製の鍋一杯のサーモンチャウダーをパリパリのフランスパンと一緒に楽しんだ。

これらの料理のひとつひとつが、世界的に広がった食文化と北太平洋の小さな地域の生態系の融合を示していた。同時に、私たちが鮭を食べたように、この土地では数千年間も人々が同じように鮭を食べ続けてきたのだと想像せずにはいられなかった。もっとも、トリュフ・オイルはなかっただろうけれど。

私たちの鮭づくしの一週間は幕を下ろし、私は友人の真空パック器でポリ袋に密封した鮭を、オンボロの日産小型トラックに積んで地元の加工工場に向かった。そして工場の餌倉庫の外に急ごしらえの急速冷凍機を組み立てた。こうして、残った鮭は家の冷凍庫に入れておけば冬中食べられるというわけだ。

◉いかに保存するか

大衆的な、あるいは学術的な場で食べものの研究に対する興味が近年高まっているにもかかわらず、私が鮭道楽の最終段階でいつも行なう作業に関する議論がほとんど起きていないことに、私はしばしば驚きを禁じ得ない。それはどの文化のどんな食べものに関しても、おそらく一番重要な部分、すなわち保存のことだ。

保存はフードチェーン［食べものの生産・流通・消費の流れ］の隠れた輪であり、私は保存技術を使いこなしている——家庭用冷凍庫でも加工業者の餌倉庫でも——からこそ、鮭がいつまでも友人や家族の食糧になるように、自然による腐敗の作用を食い止めることができる。さもなければ虫やワシやクマのように、腐敗したものに対して、そして腐りかけた肉が感覚を刺激したときに脳内で分泌される化学物質に対して、味覚がもっと寛容な生物に鮭を譲らなければならないだろう。

多くの点で、食べることは保存することだ。近代的なスーパーマーケットの中をのぞいてみよう。そこは食べものの陳列場であると同時に、人間が食べものを食べる前に保存しておくためのさまざまな方法の百貨店だ。

すでにお気づきかもしれないが、人間は食べものを保存するために、かなり興味深いことを行なっている。スーパーマーケットで売られているブドウの多くは化学薬品が散布されているし、冷凍の豆やアイスクリームを食べるために、人間は熱を除去する精巧な機械を作り上げた。言いかえれば、食べものは保存技術によって作られてきた。世界でもっともすぐれた食品のひとつである鮭の場合も、例外ではない。

私が本書『鮭の歴史』で伝えようとしている内容、そして本書の執筆の基本は、食べものとしての鮭と、その保存技術は一体であるということだ。世界中の消費者がこれまで鮭について知っていた知識、そして今後も知り続ける知識の大半は――鮭を調理する多数の方法と同様に――一般に行なわれている保存方法から生じたものだ。

鮭の産地である海岸地域では、1年のうち数か月は新鮮な鮭が豊富に手に入るが、人々はさまざまな保存方法を用いて、鮭の味と食用としての適性を高め、鮭を食べる地域を広げ、

獲れたてのカラフトマス。現在は世界中に広まった有名な鮭だが、ほとんどは缶詰で販売されいる。

同時に鮭を新しい種類の食べものに作り変えてきた。人間の歴史の大半を通じて、食用と交易目的で鮭を保存するために、塩、煙、抑制された醱酵、乾燥、そして頻度は少ないが、酸が利用されてきた。

鮭の豊富な季節と獲れない季節の差を技術的に解決するこれらの方法が、人間の文化と鮭の性質を結びつけ、スカンジナビア料理のグラブラックス［鮭を塩、黒コショウ、ディルなどに漬けたもの］や、スコットランドの燻製鮭のような多様な食べものを生みだした。言ってみれば、鮭の肉と人間の創意工夫を足して新たな食べものを作っているのだ。

しかし1880年代になると、主に日本、ロシア、アラスカの沿岸部で始まった缶詰製造によって、こうした古い保存形式に頼る必要がなくなった。同時に、世界中の消費者が鮭を手に入れられるようになり、長い保存期間とくせのない風味が特徴の、一種の調理済み食品が生まれた。

鮭と缶が出会ってからは、刺激的な臭いがするハンノキや泥炭、シダー［主としてヒマラヤスギ属の木］の煙で作られる燻製鮭は過去の食べものとなり、塩、砂糖、コショウなどを使って漬けた鮭もまた過去のものとなった。大多数の人々にとってそうだったように、私の子ども時代も、鮭といえば缶詰の鮭だった。生鮭や燻製鮭というものは、大学に入るまでほとんど知らなかった。

アメリカ中西部、イリノイ州の片田舎に住む母方の祖母を訪ねたときの一番古い思い出は、祖母が作るサーモン・パティだった。卵、ケチャップ、塩味のクラッカーと缶詰の鮭という奇妙な取り合わせを混ぜて、古い開拓時代の鋳鉄製の鍋にバターを溶かして焼いたものだ。この鍋に入れられた食べものは、まるでらせんを描きながら宇宙のブラックホールに引きずりこまれているように見えた。私の記憶では、この料理は祖父母の家庭の主要な食べもののひとつで、これに匹敵するのは祖母の作るビーツのピクルスとビーフシチュー、それにアップルパイだけだった。

１９８０年代以降は川や海から家庭やレストランに、鮭が新しい形で、すなわち生鮭として入ってくるようになった。もちろん海岸地帯に住む人々は、記憶にないほど昔から近隣の海や川で直接鮭を獲って食べていた。しかし、改良された流通ネットワークや新しく開発

自家消費用の刺し網で獲ったばかりの鮭

された鮭の養殖技術、コールドチェーン［生鮮食品を冷凍・冷蔵の状態で流通させる仕組み］の革新的な発達を特色とする新しい保存方式のもとで、生鮭市場は世界的な規模に拡大した。この新システムによって、生鮭の利用は格段に容易になった。こうして鮭はさまざまに調理できる新しい食材となり、鮭の料理法や食べ方に変化が生じた。生という新しい形で鮭がスーパーマーケットに並ぶようになり、牛肉や豚肉とほぼ同じか、ときにはもっと安い値段で売られるようになると、料理書には生鮭を使ったレシピが急激に増えた。消費者も、タラやコダラのような白身の魚の仕入れが減るにつれて、この新しい食品を代わりに使うようになった。

こうして新しい食べものと調理法が生まれたのだが、それは同じ原材料から作られたにもかかわらず、缶に収められたピンクのほろほろとくずれやすい食品とは似ても似つかなかった。

鮭は世界で消費される魚のおよそ12パーセントを占めている。おそらくシトカは、鮭にまつわる物語を始めるのにうってつけの場所だ。この町の歴史を振り返ることで、人間が鮭をどのように食べものに変えてきたか、そしてこの類まれな生き物が人間の歴史の中でどのような道をたどり、世界の食習慣をどう変えたのかを見ることができる。

しかし、私たちはまず自然界の食物網［生態系内の捕食・被食の相互関係を示す、網の目のように入り組んだ構造」に目を向けなければならない。なぜなら、それこそがこのカリスマ的な魚、そしてたえず変化し続ける食べものの物語が始まる場所だからだ。

第1章◉鮭はどのように食べられてきたか

鮭はまだ小さいうちに生まれ故郷の川を離れ、どこに行くのか博物学者さえ知らないが、たっぷりした大きさに成長し、豊かな栄養をたくわえて戻り、どんな狭い川にも姿を見せる。まるで母なる自然が人間のために特別に用意した恩恵のようだ。

——『キャセルの料理事典 *Cassell's Dictionary of Cookery*』

◉鮭の進化史

およそ2500万年前、遠い将来世界を支配することになる人類の祖先がアフリカの平原に出現するより2000万年以上も前に、食べものに関する世界最大の事件のひとつが起こった。冒険心のある魚が、彼らの暮らす淡水の環境では足りなくなる一方のようだった食糧を求めて、淡水の故郷から目の前に広がる大海原に飛び出したのである。

時代は漸新世《ぜんしんせい》から中新世に移り変わろうとしていた。中新世には徐々に寒冷化が進み、温暖な地域の淡水の環境収容力［ある環境において継続的に存在できる生物の最大量］が低下し、同時に、主として湧昇《ゆうしょう》［栄養に富む深層の海水が表層に湧きあがる現象］の増加が原因で、近海ではぐくまれる食糧が増えたのだろうと科学者は推測している。

これらの魚は開拓者であり、すぐに北半球の海や河川を生息地とするようになった。およそ2000万年前、これらの魚は太平洋と大西洋の境界線を越え、タイセイヨウサケ属（学名 *Salmo*）とサケ属（学名 *Onchorynchus*）というふたつの異なる属に分かれて、それぞれの海と川の生態系とともに別々の進化を遂げた。

これらの魚は何度も訪れた地球の温暖期と寒冷期、氷河期、洪水、干ばつ、火山活動を生きのび、北半球の表海水層［太陽の光が届く限界の深さ］、つまり海水の表面近くで生活する魚の中でもっとも数が多くなった。こうして鮭は自然の複雑な食物網の要となり、陸と海の両方でもっとも重要な種《しゅ》となった。時がたつにつれて、気候と地質、そして環境上の出来事がこの魚の体そのものに影響を与えた。60万年前、現在の鮭が誕生した。

文化、家庭、そして食卓に鮭を喜んで迎え入れた私たちは、普段は皿に載せる食べものの進化の歴史や生活史についてほとんど考えてみることはない。

コンビニエンスストアやファストフードが普及した現代では特に、食べものは、今この瞬間を占めるものにすぎない。現代の流通・生産システムはめまぐるしい速さで動いているので、私たちが食事を楽しむほんのわずかの間にも、食べものを大陸の端から端まで輸送することができる——つまり、食べものはつねに、今ここにある。そして食べものはどこにでもあり、どこにもないのだ。

しかし、鮭のしなやかな肉を食べるたびに、人々は進化、生活史、そしてはるか昔の時代を味わっている。実際、鮭の進化の歴史、博物学、そして生活史は、ひとつ間違えば普通の魚になったかもしれない鮭を、この世界に知られている数少ないもっとも重要な海洋性の脂肪とタンパク質の供給源のひとつに変えた。

この長く複雑な歴史は、世界各地の文化が鮭を料理し、食べる方法の中にいまだに反映されている。味わうたびに、ひとくち口に入れるたびに、この魚にまつわる自然、文化、歴史の中で起こった絶妙な錬金術を噛みしめるのだ。

◉鮭の魚類学

いったい、鮭とはなんだろうか？　この質問はあまりに単純に見えるけれども、その答え

引網漁船「クラウド・ナイン号」が北太平洋での一日の漁を終えて帰ってくる。

は驚きと意外性に満ちている。生態学的には、鮭は北太平洋と北大西洋の広い範囲に住んでいるが、19世紀終わりに水産業者によって、南太平洋と南大西洋にも移植された。食べる側からすると、鮭といえば普通はサケ属とタイセイヨウサケ属に属する7種類の鮭、つまりキングサーモン［マスノスケ］、シロザケ、カラフトマス、ギンザケ、ベニザケ、サクラマス、アトランティックサーモン［タイセイヨウサケ］のどれかを指している。

しかし、食べものとしての鮭には、たくさんの別名や地域、国ごとによって異なる呼び名がある。

キングサーモンは世界の多数の地域でタイイ、チヌーク、ブラックマウス、チャブと呼ばれる。

ベニザケはレッド、ブルーバック、ナーカ、コカニーという名でも知られている。

ギンザケもブルーバックと呼ばれる場合があるが、むしろシルバーサイド、ホワイト、あるいはシルバーサーモンと呼ばれるほうが多い。

多くの人にとって、シロザケはチャム、チャブ、ドッグなど、あまり魅力的でない名前の代わりに使われる商品名にすぎない。

サクラマスはチェリーサーモン、カラフトマスはハンプバックサーモンと呼ばれる。

アトランティックサーモンは釣り上げられた時期と場所によって、数十種類もの異名を持っている。

一方、鮭の学名は、実際には地域や国ごとの名称よりもさらに複雑だ。というのは、私たちがサケ科の魚に与える名前、そして鮭とはどんな魚かという考えそのものが、生態学よりも食べることに対する関心に大きく影響されているからだ。

サケ科には6つの属と150の種が含まれている［サケ科の中の属や種の分類にはいくつかの異なる説がある］。私たちが鮭と呼んでいるのはこのうち7種に限られるが、残りの143種にも、食べる側が鮭と呼ぶ7つの種と同じように、鮭と呼ばれる科学的な権利が十分にある。

サケ科の属のひとつであるイワナ属（学名 *Salvelinus*）は、あらゆる意味で鮭と言っていい。イワナ属の種はたいてい遡河《そか》性（一生のほとんどを海で過ごし、産卵のために淡水に戻る性質）があり［ただし日本のイワナのほとんどは河川で一生を過ごす残留型である］、消費者が鮭と呼ぶ魚と同じ身体的な特徴と進化の歴史の多くを共有している。しかし、漁師の網の中や食卓の皿の上のイワナ属は、多くの場合、ホッキョクイワナやブルックトラウト、レイクトラウト、あるいはドリーバーデンという名前で知られている。

鍋の中で身をおどらせるタイセイヨウサケ属やサケ属の中にも、鮭と認められていないものがかなりたくさんある。ブラウントラウト（学名 *Salmo trutta*）は、現存する種の中でアトランティックサーモンにもっとも近い。遺伝学的には、カラフトマスとキングサーモンよりも、ブラウントラウトとアトランティックサーモンのほうがよく似ているほどだ。しかし、食べる人にとって、この魚はあくまでもブラウントラウトである。

ややこしいことに、１９８０年代に鮭のＤＮＡを研究した科学者たちは、キングサーモンやギンザケと、シロザケ、カラフトマス、ベニザケの関係よりも、ニジマスとキングサーモンやギンザケのほうが近い関係にあると結論を出した。これらの科学者によって、ニジマスはサケ属の仲間に加えられた。

どれほど紛らわしく複雑だろうと、鮭にはやはりひとつの性質――鮭をほかの魚類から区別するいくつかの特徴がある。

岸で網を持って待ち構え、鉤竿を手に海岸を歩きまわる人間にとって、もっとも注目に値する、奇跡的とも言える鮭の性質は、どんな海の生き物よりもすばやく効率的に太陽エネルギーを人間の食べものに変えられる能力だ。人間が生きるためには、太陽熱を化学エネルギーに変え、それを消化のシステムによって取り入れて体内で循環させる必要があり、自然の食物網の中で、鮭はそうした人間にとってつもなく大きな利益をもたらしている。

鮭がこれほど効率的に太陽エネルギーを食べものに変えられるのは、雑食性だからだ。人間とほぼ同様に、鮭はなんでも食べる。鮭には、鯨のクジラヒゲ［ヒゲ板とも呼ばれ、歯の代わりにエサを濾過する器官」やイルカの犬歯のように、エサの種類を限定する身体的な特徴がない。実際、鮭はたえまなくエサを食べているが、これは主に、たえずエサを濾《こ》しとる鰓耙《さいは》［エラの一部で、口から吸い込んだ水とエサなどの固形物を分離する器官］の働きによる。

鮭はミジンコやヒゲナガケンミジンコ、ケンミジンコ（すべて動物プランクトン）、表層プランクトン、小型の甲殻類、何十種類もの幼生《ようせい》［卵から孵化し、成長して親になるまでの段階で、親とは形や生活様式が著しく異なるもの］を受動的に摂取している。また、イカ、ロウソクウオ、ニシン、イカナゴを能動的に食べる。このように、鮭は複数の異なる栄養段階［植物を生産者として、それを食べる消費者、死骸などを分解する分解者で構成される食物連鎖の段階。消費者の中にもいくつかの段階がある］において、さまざまな方法で食物を得ている。

この特徴が並はずれた代謝率や成長率と結びついて、鮭はタンパク質と脂肪のすぐれた生産者になった。鮭は、太陽内部の連鎖反応によって放出されたエネルギーをもとにタンパク質と脂肪を作り出すのである。

◉遡河性――フードシステムの奇跡

鮭は太陽エネルギーを効率的に人間の食べものに変えるだけでなく、その食べものは食卓にちょうどよい大きさで、おまけに待ち構えている人間の手や鉤、網の中に直接飛びこんできてくれる。2500万年前に鮭が生まれた川から泳ぎ出す原因になった生き残りのメカニズムが、現在のこの独特の性質を生みだしている。科学者が遡《そ》河《か》性と呼ぶこの性質によって、あらゆる鮭は生まれた淡水の川から海に泳ぎ出て、一生を終える前に川に帰ってくる。

海には2万種の魚類がいるが、そのうち遡河性の魚は87種だけだ。遡河性の魚の仲間に、シャッドと呼ばれるニシン科の小さな魚やシマスズキ、ヤツメウナギ、チョウザメ、キュウリウオ科の魚［シシャモ、ワカサギなど］がいる（疑問に思っている読者のために言うと、ヤツメウナギと違ってウナギ目のウナギは海から川に遡上して成長し、産卵のために海に帰る）。

遡河性の本能によって、カナダ東岸のブリティッシュ・コロンビアのフレーザー川で生まれた鮭は、アラスカ海流に向かって泳ぎ出したのちに、ベーリング海の還流に沿ってベーリング海を横断し、その後は亜寒帯流に乗って故郷の川に帰ってくる。

ロシアのカムチャッカ半島で生まれた鮭は、同じく遡河性の本能に駆り立てられ、オホーツク海の還流、東カムチャッカ海流、黒潮、親潮に乗ってベーリング海に到達し、そこで成長してからアラスカ海流に乗って生まれた川に帰ってくる。

同様に、アイスランド生まれの鮭は東のフェロー諸島に向かい、ノルウェー海、イルミンガー海を泳いで生まれた川に戻る。

ベニザケ漁師。ブリティッシュ・コロンビア（19世紀終わり）

大西洋の鮭も太平洋の鮭も、大海原を勢いよく泳ぎ、回転し、突進しながら、多くはこれらの海と川を結ぶ何千キロもの距離を円を描くように回遊する。におい、味、光、そして地球の磁場さえ感じ取って、鮭は産卵のために生まれた川に戻る。そして、海でたくわえた栄養を彼らに命を与えた森や川に与え、そしてもし私たちの運がよければ、人間の体に栄養を与えてくれる。

遡河性の鮭のライフサイクルは、人間のフードシステム［食品が生産されてから消費者に届くまでの食糧供給の一連の流れ］の奇跡のひとつだ。そのライフサイクルによって、鮭を食べる人間が歴史の中でどのようにして鮭を手に入れ、食生活に利用してきたかを説明できる。このライフサイクルによって、すべての鮭が海を渡り、そこで海のエネルギーを体に集めて、最後にはそのエネルギーを陸上の植物や動物に捧げる。

人間の料理のレパートリーに登場する動物の大半は、人間に食べものを提供するために比較的狭い地域を利用すればすむ。工場式農場で飼育される動物の場合は特にそうだ。それらの動物たちは囲いの中にとどまり、与えられるエサを食べるしかない。

ところが鮭は、非常に広い地域からエネルギーを取り入れるため、ほんの数十年前まで鮭の生活史はほぼ謎のままだった。さらに、鮭は比較的短い間に、生まれた川にいっせいに戻ってくる。ほとんどの集団は、数週間で遡上を終えるのが普通だ。その結果、栄養に富んだ

滝の下で魚をヤスで突くアメリカ先住民。カリフォルニア州。1880年頃。

食べものが驚くほどまとまって手に入ることになる。

●大地の味

おもしろいことに、カロリーが高く、無限に見えるほど大量に、しかも毎年規則正しく人間の手元に直接届く鮭は、遡河性が生んだ自然の独創的なコンビニエンスフードであるとも言える。大きな川に遡上する鮭は、数千億カロリーを人間が利用できる形でもたらし、その川の周辺に住む人々の生活は、ほとんど鮭だけで支えられてきた。

しかし、鮭のライフサイクルや進化、そして生活史は、待ち構える人間にタンパク質と脂肪を届ける効率的な入れ物を生みだしただけではなかった。それらは一体となって、この食べものの味わいそのものを作り出している。食べものそのものの味と、その食べものを育てた土地は、ひとつの力強いまとまりとしてともに発達し、人間の味覚と心にその食べものの真髄を伝えている。

フランス人はこれを goût de terroir（グー・ド・テロワール／大地の味）と呼び、英語圏の人々は土地の味と呼ぶ。一方、鮭自身の一生と、鮭の種全体の進化の歴史の両方に密接に結びついた時間と歴史もまた、土地と同じように鮭の味わいを生み出している。

19世紀終わりに描かれたカラフトマス。当時はゴルブスカ、あるいはハンプバックサーモンと呼ばれていた。

人間が「食べもの」と呼ぶ生き物の中で、鮭ほど時間、歴史、そして進化の味わいをよく表わしているものはほとんどない。

カラフトマス（学名 *Onchorynchus gorbuscha*）は北太平洋に注ぎ込む小さな川で生活できるように、数百万年かけて進化した。カラフトマスはもっとも小さな部類の鮭で、彼らの住む川は内陸に向かって数キロメートル伸びているにすぎない。カラフトマスは浅い川を上る短い旅を経て、産卵のために生まれた場所へ帰る。海岸から数キロメートル以上離れたところでカラフトマスを見かけることはめったにない。

遡上する距離の短さが、カラフトマスの肉の性質に表れている。彼らの肉には脂肪のたくわえがほとんどなく、川を長くさかのぼる必要のある鮭と比べて筋肉が発達していない。この鮭のほぐれやすいやわらかな肉を食べるということは、カラフトマスの生活史を体

普通サイズのキングサーモン。キングサーモンは世界最大級の川で進化したため、あらゆる種類の鮭の中でもっとも大型で脂肪が多い。

験するということだ。

脂肪分が少なく筋肉が発達していないため、カラフトマスは大西洋や太平洋産の高級な鮭に感じられる豊かな深みのある味わい、つまり、うまみと呼ばれるものが欠けている。あっさりしたマスの味と間違えそうなこの肉を味わえば、カラフトマスのライフサイクルがよくわかるし、料理に関しては生物の分類の境界線があいまいなことが実感できる。

一方、キングサーモン［マスノスケ］はまったく別の進化と味の組み合わせを持っている。世界最大の鮭――少なくとも200万年前に最後の剣歯鮭《けんしざけ》が絶滅して以来――であるキングサーモンは、北半球の非常に長く荒々しい川で進化した。アムール川、マッケンジー川、ユーコン川、そしてサクラメント川はキングサーモンの体の中を流れつづけ、その肉からは川の力が味わえる。

数千キロメートルとは言わないまでも、数百キロメートルの壮大な旅をなしとげられるようにタンパク質が相互に結びついたキングサーモンの筋肉は、大きく、厚く、しっかりと発達している。また、この旅をするためには十分な太陽エネルギーを取り入れる必要があり、キングサーモンはそれを脂肪としてたくわえる。

脂肪は、私たちから一番近い恒星である太陽のエネルギーを動物の体にもっとも凝縮させた化学的な形だ。キングサーモンは、ほかのどんな鮭の種よりも多くの脂肪を持ち、故郷までの旅が長ければ長いほど、より多くの脂肪をたくわえる。舌の上でなめらかに溶けてしまうこの脂肪と、蒸し煮した豚肉を思わせるような歯ごたえのあるしっかりした肉は、絶妙の組み合わせだ。実際、海で釣れたキングサーモンをスモークしたものの腹の部分は、アメリカ風のベーコンと驚くほどよく似ている。

●川ごとに異なる鮭の味

かなり特殊な環境で進化したせいで、キングサーモンの生息地は比較的狭い範囲に限られている。そのため、キングサーモンは鮭の中ではもっとも数が少なく、世界全体の鮭の0・

1パーセント以下しかいない。この希少価値そのものが味覚に作用して、キングサーモンは裕福な消費者に好まれる高級食材となっている。進化は人間の市場や階級構造を通じて、ひょんなところで屈折した姿をのぞかせさえするのである。

カラフトマスとキングサーモンという両極端な2種類の間に、シロザケ、サクラマス、ギンザケ、アトランティックサーモンがいる。これらはすべて、生物学的にも生態学的にもさまざまなエサと環境で繁殖できる万能選手だ。これらの鮭は多種多様な淡水の環境で生きられるように進化したため、ほかの種に比べて、その味と歯ごたえは各集団の生息地に大きく左右される。

鮭の生活史の独特な点のひとつは、大西洋と太平洋で数億匹の鮭が一緒に泳いでいるにもかかわらず、ほとんどすべての鮭が祖先の産卵した場所にちゃんと戻ってくるという事実にある。言いかえれば、彼らは生まれた川に驚くほど忠実だ。この性質によって、遺伝子的に異なる隔離された小集団（科学者はこの集団を個体群《デーム》と呼ぶ）が種の中に形成されるだけでなく、同じ種であっても小集団ごとに味、歯ごたえ、体格に大きな違いが出てくる（特に多様な環境に適応するシロザケ、ギンザケ、サクラマス、アトランティックサーモンにはその傾向が強い）。

だから経験豊富な魚の仲買人は、見た目と味で、あるアトランティックサーモンの祖先が

「ドッグサーモン、産卵期のオス」と題されたイラスト（1906年）。ドッグサーモンという名前が敬遠されて、この鮭はもっと響きのいいシロザケという名前で販売されている。

フランスのロワール川を泳いでいたか、ロンドンのテムズ川で暮らしていたかを判断できる。ギンザケの肉は産卵する川によって、やわらかく濃厚な味にもなれば、歯ごたえのあるあっさりした味にもなる。

多くの場合、距離の短い沿岸部の川で育ったシロザケの肉はやわらかく、カラフトマスの肉に似ており、土臭いような、ときにはカビ臭いとさえ表現される匂いがする。この匂いはシロザケの好きなエサから生じている——それはクラゲや、もっと小さな動物性プランクトンで、シロザケの食生活の半分以上を占めている。

対照的に、現存する鮭の淡水の生息地として最大のもののひとつであるユーコン川で生まれたシロザケは、大衆的なカラフトマスよりも高級なキングサーモンに似ている。漁師をしてい

THE KRASNAYA RYBA OR BLUE BACK SALMON.
Oncorhynchus nerka (Walb.), J. & G.
Drawing by H. L. Todd, from fresh run male sent to U. S. National Museum from the Columbia River, April, 1884, by A. Booth, esq.

ベニザケ

る私の友人は、どんな目利きの美食家でも、ユーコン川産のシロザケと、比較的小さい川で獲れたキングサーモンの味は区別できないと断言する。

すべての鮭の中でもっとも独特な進化をたどったのがベニザケだろう。その進化の仕方によって、あらゆる鮭の中で間違いなく一番濃厚な風味ばかりでなく、ベニザケ特有の赤みの強い肉が生まれた。

ベニザケが生活する地域の中心はロシアのオホーツク海とアラスカのブリストル湾の間にあり、ほかのあらゆる鮭と違って、ベニザケは一生のうちの長い期間を湖で暮らす。ほとんどのベニザケは海に出る前に、生涯の最初の2年間を淡水の湖で過ごし、そこで微細なエビ・カニ類や動物性プランクトンを食べて育つ。そしてほかの鮭に比べて食物連鎖の下位に位置する食生活を一生守り続ける。

成熟して海で暮らす間、ベニザケは小さな動物性プランクトンや微小なエビ・カニ類を食べ、これらのエサからアスタキサンチンと呼ばれるカロテノイド色素を大量に摂取するため、食物連鎖の上位で魚やイカ、クラゲを食べる鮭に比べて肉に含まれるカロテノイド色素が多い。ベニザケの肉がたいてい色鮮やかで密度が高く、濃厚なのは、食物連鎖の下位でこうしたエサを食べているためだ。

もちろん、どの種の鮭の中にも、味や色、歯ごたえに非常に大きな差が生じることはある。年によって味わいが違うのは、たとえばブルゴーニュ産のワインのようなものだ。歴史の大半を通じて、鮭は天然の食べものとして存在してきた。そのため、鮭の味や歯ごたえ、色は、工業的な食品生産に求められる均質性からは程遠い。どの鮭も、一匹一匹違うのである。

そこが鮭の食べものとしての魅力なのだが、一方では工業生産の食べものが持つ均質性に慣らされた味覚を持つ消費者を欲求不満に陥らせる原因でもある。鮭の味わいが一匹一匹異なるということの事実もまた、画一性を超える多様性、秩序を超える混沌を生んだはるか昔の進化と時の流れによって定められたものだ。

鮭は力あふれる自然界のイメージを象徴しているが、単にありのままの野生の存在というわけではもちろんない。あらゆる食べものがそうであるように、鮭は自然と文化、そして大海原と料理の間で踊られるタンゴであり、その典型なのだ。

第2章 ◉ 塩漬けと燻製

鮭は淡水で獲れる魚の王様だと考えられている。
——アイザック・ウォルトン［『釣魚大全』著者。1593〜1683年］

◉神の化身

カリフォルニア州を流れ、太平洋に注ぐクラマス川流域に住むユロック族インディアンにとって、鮭はただの自然の一部や単なる魚ではなく、それらを超えた存在だった。彼らにとって鮭は時間と空間と文化を超越したひとつの概念であり、生き物でもあった。カリフォルニア大学の人類学者エリック・エリクソンは、1930年代のはじめにユロック族と数か月間生活を共にした。エリクソンは太平洋岸の地中海気候の環境を生息地にしたヒョウやワシ、ノスリ［コンドルやタカなどの猛禽類］など、数十種類の生き物についてユロック族が語る物語に感嘆を覚えた。ユロック族はこれらの動物と彼らの故郷の土地を結びつけ、自分たちの土地を大切に思う気持ちをはぐくんだ。

しかし、鮭は話が別だった。「私はこの動物についての物語も聞かせてほしいと頼んだ」とエリクソンはのちに書いている。エリクソンにとって残念なことに、鮭は「食べものそのもの」であり、ユロック族は鮭についてなんの物語も作れなかったのだ。ユロック族にとって鮭は食べものとしての重要性が大きすぎて、単なる物語の領域を超えた存在だった。鮭は神の化身であり、鮭について繰り返し語られるどんな言葉も物語ではなく「一種の祈りであり、永続的で不動の価値を約束するもの」だった。

これまでに（そしてこれからも）何百という文化が、カリスマ性のある動物を「食べものそのもの」として崇め、大切にしてきた。しかし、変わりつづける自然と進化の歴史の中で、単にすぐれた動物というだけでは、鮭のように「食べものそのもの」という地位を獲得することはできない。どんな動物でも、それを食べものに変えるには儀式が必要である。

食前の祈りを捧げるとか、きちんとナイフとフォークを使う、あるいは肉を鍋でゆでるのではなくたき火で炙るといったことも、一種の儀式だ。ユロック族にとって、鮭の物語を語らないこと、男女がそれぞれ鮭に対して何をしてよく、何をしてはいけないかという複雑なルールに従うこと、部族の宗教的、社会的な規範に密接に結びついた鮭漁の技術を作り上げ、

オレゴン州のセリロ滝で網を直すアメリカ先住民族の漁民（1950年）

それを利用することは、鮭を「食べものそのもの」に変える儀式の一部だった。

もっとも複雑な儀式は、鮭を川から上げたあとで行なわれた。それらの儀式は食品加工に関する文化的な習わしで、人類学者によれば、ふたつの形式がある。すぐに利用するための加工は料理という形で行なわれ、将来食べるための加工は保存という形をとる。

●腐敗と保存

鮭は広い地域で、長期間にわたって大量に獲れるので、人間がすぐに食べきることは難しい。鮭の肉は濃厚で脂肪分が多いため、ほとんどすぐに腐敗——栄養分を土に返すためのリサイクル——が始まり、栄養を必要としているのは人間だけではないという事実を思い知らされる。

腹にエサをいっぱい詰め込んだ鮭が死ぬと、10分もすれば肉がひどく腐りはじめる。条件次第では1時間足らずで鮭は売り物にならなくなり、ときにはとうてい食べられなくなる。したがって、獲った鮭の大部分は、氷の上に載せておくだけでもいいから、なんらかの方法で保存しておかなければならない。

工業化が進んで世界のフードシステムが根本的に改革・再構築される以前の世界各地の文

化は、鮭をあとで食べるために肉の性質を化学的、物質的に変化させる高度な保存法に頼っていた。

鮭を食べものとして利用する方法はまさに多種多様であり、人間が鮭を獲り、それを保存可能な食べものにしてから料理のレパートリーに用いる方法は無数にあって、そのすべてを調べつくすことは不可能だ。しかし、世界をざっと見渡しただけでも、保存食としての鮭の重要性とその使い方の幅広さがわかるだろう。

鮭は豊富に獲れたからこそ保存する必要があったし、生活、文化、食生活を鮭に頼っていた人間は、季節、気候、天候の不安定さ、そしてもちろん鮭自身の生活史によって生じる豊漁と不漁の波に備えることで、食糧の欠乏という恐ろしい事態を避けたいと願っていた。

科学的に見ると、保存とは実際には変性《へんせい》と呼ばれる処理方法であり、食物の貯蔵の大半は変性を中心に行なわれている。熱、煙、塩の使用によって、食べもの、特にタンパク質は物理的、化学的に変化（変性）し、腐敗が抑制されるか、最小限に抑えられる。

◉塩漬け

たとえば、塩漬けが効果を発揮する原理は単純だ。鮭に塩がまぶされると、まず半透性の

ブラウンシュガー入り塩水で塩漬けし、燻製したばかりのベニザケ。

歴史と伝統のあるスモークサーモンを現代風に使った料理の数々

細胞膜から水が出る。次に、浸透圧は平衡状態になろうとするので、いくらかの水が細胞に戻っていくが、その水には一定量の塩分が含まれている。この塩分が鮭のタンパク質を凝固させ、自然の腐敗をひき起こす細菌が住みにくい環境にする。塩分を含んだ細胞を作ることが鮭の保存の秘訣であり、マーク・カーランスキーが『塩の世界史』〔邦訳は中公文庫〕で指摘しているとおり、このやり方は数千年もの間、食べものを保存する主要な方法のひとつだった。

食品を煙にさらすと、煙の殺菌効果に加えて、熱を加えたときと同じように、細菌の繁殖する原因になりやすい水分が細胞から取り除かれる。こうして、塩漬けや燻製にすることで、生き物が死んだあとに生じる主な変化のひとつである腐敗を遅らせることができる。毎年、遡上する鮭の最後の一匹を迎えたあと、あとで食べるために人間が鮭の性質を作りかえた方法は、個性的で多様で、しかも多くの場合独創的だった。コールドチェーンと缶詰がほかのあらゆる食品保存法にとってかわるようになった現代から見ると、それらの方法には驚くべきものがある。

太平洋周辺の部族を見てみよう。現代のブリティッシュ・コロンビアやアラスカに相当する地域に住んでいたトリンギット族にとって、鮭は食べものと財産の中間という独特の位置を占めていた。このように鮭は食べものであり、財産であり、日用品、味覚、取引の象徴、そして食文化の中心だった。温帯雨林に囲まれた土地と川では鮭がありあまるほど獲れたので、鮭の保存は実にさまざまな形式と方法で行なわれ、そこに住む人々に数々の独特な鮭料理をもたらした。

●燻製

ほかの文化が塩をたっぷり使って鮭を塩漬けにして保存したのと違って、多くの北アメリカ先住民族と同様にトリンギット族もまた、燻製小屋（atx̱ʼaan hidi）を建てて鮭とオヒョウの両方を保存した。

Náa yadi は軽く燻製にして保存した鮭のことで、それ以外の鮭は干物にして、もっとあとで食べるために保存された。Chil xook はもっとも一般的な保存用の鮭のひとつだ。これは燻製の鮭か生鮭のどちらかを使って作られるが、どちらを使うとしても、トリンギット族は鮭をまず風に当てて乾燥させ、それから凍らせた。燻製、乾燥、そして冷凍という3段階の保存処理を行なうことによって、鮭に独特の味わいが生まれ、冬の間中もたせることができた。

ヨーロッパ人がアラスカに来る前、Chil xook はトリンギット族の大好物で、彼らは保存によって固くなった Chil xook をロウソクウオから絞った濃い油に浸し、口当たりをやわらかくして食べていた。

アラスカ州よりさらに南のクラマス川流域に住み、鮭を主要な食べものにしていたユロック族などの部族は、燻した鮭を大きなかごに重ねて入れ、カリフォルニアゲッケイジュの葉を鮭と鮭の間にはさんでおいた。こうすると鮭に香りがついて、蛾がたかるのを防げるからだった。

保存した鮭を食べるときは、ユロック族は秋の終わりに収穫したドングリからお粥のようなものを作り、それを焼いた ka-go と呼ばれるパンを添えた。「このパンは栄養があって持久力をつけてくれるんだ」とユロック族のひとりは昔を思い出して語った。宗教上の理由で断食している間、司祭は燻製の鮭と ka-go の食事を1日1回だけ取ることが許された。

現在のオレゴン州にあたる地域の沿岸地帯に住んでいたアルシー族は、鮭を燻製にしてから日干しにしていた。ある人類学者が書いているように、アルシー族はこの方法で、「豊かで保存の容易な食物源に恵まれない部族には経験できない、ゆとりのある冬を過ごせた」。アルシー族は干した鮭をゆでて戻し、運よくクジラ油が手に入れば、椀にクジラ油を入れ、そこに鮭を浸して食べた。

◉鮭粉

北アメリカのこの地域で鮭を保存した方法の中でもとりわけ独創的なのは、カリフォルニア州サクラメントに住んでいたウィントゥ語を話す部族が dahi と呼んでいたものを作る方法だった。この製品は英語ではサーモン・フラワー、つまり鮭粉と呼ばれるようになり、北アメリカで鮭が獲れる海岸地域に住む部族は（そして内陸でも驚くほど多数の文化が）、何種類もの食べものの材料としてこれを利用していた。

鮭粉は普通、鮭の遡上の季節の終わり頃に獲れる、油の抜けた鮭で作られた。獲った鮭は水分が抜けるまで日干しにするか、ときにはかまどで焼き、それからその鮭を砕くか、またはこすって粉にした。できあがった鮭粉は地下の穴か、カエデの葉や乾燥させた鮭の皮を敷いた大きなかごに入れておけば、冬の間中使うことができた。乾燥させた鮭の卵や松の実と混ぜて食べる鮭粉は、ウィントゥ語族の主要な冬の食べもののひとつだった。

この部族のひとりであるグレース・マッキビンは、毎年秋になると部族の人々が一週間がかりで鮭粉を作ったのを覚えていると語った。コロンビア川台地に住むアメリカ先住民族は、鮭粉をスープやシチューに加えた。また、彼らは獲物を追って自分たちの土地を移動するとき、つぶしたベリー類と鮭粉を混ぜたものを食事の材料として用いた（ロシア人は乾燥させた鮭をスープやシチューの中にすりおろして、同じような食べものを作った）。

◉アイヌの鮭文化

アメリカから北太平洋を隔てた西太平洋岸に住むアイヌも、鮭を大量に食べる民族だ。遡上する驚くほどたくさんの鮭の栄養を利用するため、彼らは鮭を燻製や干物にした。19世紀のイギリス人探検家は、次のような記録を残している。

川が遡上する鮭で満ちあふれる季節には、押し合いへしあいする鮭がところどころで本当に川からあふれ、岸に押し出された鮭の間でカワウソやクマが至福の時を過ごしていた。

もちろん、アイヌにとってもそれは至福の時だった。アイヌは鮭をシペと呼んだが、この言葉は単に「食べもの」あるいは「われわれが食べるもの」という意味で、鮭の食糧源としての重要性を示している。アイヌの本拠地から数千キロメートル隔たった場所にいるユロック族とまったく同じように、アイヌも鮭を大切にしていたことがわかる。

脂肪分が少ないために現代の西洋の消費者には敬遠されがちだが、シロザケやサクラマスはアイヌにとって特に重要な食べものだった。実際、シロザケはシペ・カムイチェプ（大きい食べもの、神の魚）と呼ばれていた。

アイヌの宇宙観と集落の様式、そして家の造り方にいたるまで、ほぼすべてがこれらの鮭と鮭の産卵場所によって決定された。たとえばアイヌの住居は、人間の住まいであると同時に燻製小屋として二重の役割を果たした。小屋の屋根のふたつの傾斜面の一方、あるいは両方の小屋裏に空間が設けられ、アイヌはそこにシロザケを吊るし、燻製にした。小屋裏での燻製のほかに、鮭を屋外の鮭干し棚で風に当てたり、地面に杭を打って作った素朴な設備に吊るしたりして保存した。

住居と燻製小屋を兼ねた伝統的なアイヌの家

燻製や日干しといった処理を経てできあがったものは、アイヌの言葉でサッチェプと呼ばれた。この乾燥させたシロザケやサクラマスはアイヌの食生活の中心で、江戸時代になると日本人も食べるようになった。アイヌは工夫を凝らした数々のサッチェプ料理を考案して生活の糧とし、たくさんの鮭が遡上した年は、冬中ほとんど食べものに困らなかった。

アイヌはサッチェプをギョウジャニンニクや地元に咲くニリンソウ（学名 *Anemone flaccida*）と一緒に料理した。サッチェプと海藻類の汁もよく作って食べたので、アイヌの住む土地を訪れた人々は、その汁がアイヌの主食だと考えたほどだった。18世紀終わりにアイヌの土地を訪れたイギリス人は、「彼らの食事は海藻と一緒に煮た魚の干物に、マンボウの肝臓からとった油を少し混ぜたものが中心である」と書いている。

遡上の季節も終盤の12月に獲れるシロザケは、異なる味や歯ごたえがあり、凍らせて保存する「ルイベ」と呼ばれるものにすることが多かった。

◉スコットランドの燻製鮭

地球の反対側では、アトランティックサーモンの変わった貯蔵法と保存法によってさまざまな料理が誕生した。その多くは、アイヌのサッチェプと海藻の汁やアラスカの chil xook よりよく知られている。アトランティックサーモンを使った料理のうち、もっとも有名なふたつの料理をあげるとすれば、燻製鮭とグラブラックスでほぼ間違いないだろう。

スコットランドの川に遡上してくる鮭で作られる燻製鮭は、保存のきく海の幸としてヨーロッパ中にもっとも広まった食べもののひとつになった。19世紀のある人物は燻製鮭を「朝食に最適なすばらしいスコットランドの味」と称賛したが、燻製鮭が作られはじめたばかりの頃は、これほど広く受け入れられるとは予想もできなかった。

燻製鮭を意味するキッパードサーモン、またはキッパーサーモンという言葉は、はじめは産卵を終えて死ぬ間際の、人間の食用には適さない鮭を指していた。17世紀の間は、キッパー［産卵期後の雄の鮭を意味する言葉］とは寿命が尽きかけて油のすっかり抜けた、ほとんど食べられない鮭のことだった。言いかえると、キッパーという言葉は獲っても無駄な鮭を意味していた。ところが18世紀のある日、ディー川やタイ川など、鮭の獲れるスコットランドの川の流域に住む誰かが、魔法のようなアイデアを実行し、食べられないと思われていた鮭をおいしい料理に変えた。

人間の料理の歴史の大半は、ものを食べる独創的な方法を編みだす創意工夫の連続だったということは容易に想像できる。カビの生えたチーズ、人目を引かない、あるいは手に入れにくい穀物、ごつごつして一見食べられそうにない根っこ、そして有毒のフグがいい例だ。スコットランドの産卵期の鮭について言えば、それを食べるための試みは、まず鮭をおろすところから始まった。それからこの鮭を乾燥させて塩をまぶし、たいていはこの地域でふんだんにとれる泥炭《ピート》を燃やして、その煙で燻製にした。

燻製鮭は大人気となり、スコットランドからイギリスとヨーロッパ本土への最初の重要な輸出品のひとつになった。燻製鮭は生鮭が手に入りにくい時期に生鮭の代わりに使うことができたし、新しい料理にも取り入れられた。

19世紀のフランスやイギリスの裕福な家庭では、デビルドサーモンが人気だった。この料

SHING, many of them, and divers other Fish,
which when well drest, fit for A Princes dish,

F. Barlow inv.
W. Hollar fecit
In Rivers Swift, your Salmon are great store,
where with vast nets, they often bring to Shore,
SALMO

ヴェンツェスラウス・ホラー『鮭釣り』（17世紀イギリスの銅版画）

ウィリアム・シールズ『スコットランドの釣り小屋で、釣った鮭の話に興じる人々』（1840年頃）

理は、燻製鮭にマスタード、カイエン・ペッパー、アンチョビ、オリーブオイルを塗り、トーストに載せてカイエン・ペッパーとコショウを振り、熱したオーブンで焼いて作った。

もうひとつのよく知られたフランスの調理法では、燻製鮭に「温めた」バターを塗り、パルメザンチーズをまぶしてから熱いオーブンに入れて焼いた。マスタード、コショウ、オリーブオイル、アンチョビといった食品は当時の富裕層にしか手に入れられなかったから、こうした燻製鮭の料理は財力を誇示する方法だった。

しかし一方では、燻製鮭の品質に疑いのまなざしを向ける者もまだ残っていた。なんといっても腐る寸前の魚を食べものに変えようというのだから、文化的な抵抗感が後々まで残るのも無理はない。１８３６年５月、ロンドンの鮭商人ジェームズ・ホグワーツはイギリス議会に召喚され、「燻製鮭の大きな切り身は不潔な魚から作られたのか否か」と質問を受けた。ホグワーツは力を込めて否定した。

１８８３年にイギリスで出版されたチャールズ・フライヤーの古典的な著書『鮭の水産学 *The Salmon Fisheries*』でも、鮭の燻製について長い間取りざたされてきた疑問を次のように一蹴している。

よくある思いこみに反して、実際には産卵した鮭の肉になんら有害な点はない。一般に、パリの美食家はこの世の美味なものに敏感な味覚を持っていると考えられているが、燻製であれ塩蔵であれ、ケルト（産卵後の鮭）を喜んで食べるし、料理の腕前次第でそれがケルトだと気づかない場合もある。

◉鮭を地中に埋める

おそらく、少なくとも現代の目から見てもっとあやしげな保存法は、鮭を保存するために地中に埋めるというものだろう。この方法はスカンジナビア諸国で行なわれていたと多くの場合は考えられている。少なくとも1000年前から、スウェーデン人、デンマーク人、ノルウェー人の祖先は、鮭ばかりでなくニシンやサメも好んで地中に埋めてきた。埋められた鮭はグラブラックス（gravlaks と綴られることが多い）という有名な名前で呼ばれるようになった。

グラブラックスとは「埋める」という意味の grav と「鮭」を意味する laks を合わせた言葉で、「埋められた鮭」という意味だ。グラブラックスという言葉が鮭を埋める実際の行為を表わし、「酸っぱい鮭」という意味のシュールラックス（surlax）が地面から取り出した食べものを表わしていたのは、それほど昔のことではない。

1週間程度埋めておけば、食べごろのグラブラックスが完成した。一方、長い間埋めておけば鮭の化学的な組成が変わって、鮭を永久に保存できるようになった。鮭を長い間埋めておけばおくほど、保存状態がよかったことがわかっている。鮭の保存を試みた中世の人々にとって、これはいいことずくめの方法だった。

鮭を地中に埋めておく習慣が広まって、14世紀には職業にもなった。1348年、ノルウェー中部のイェムトランド県［イェムトランド県は17世紀からスウェーデン領になっている］の記録には「オラファー・グラブラックス」という人物の名前が記されている。職業名を苗字にするのは当時の習慣だったので、鮭を埋めることが職業になっていたことがうかがえる（１５０９年のストックホルムの年代記には「マーティン・シュールラックス」という名前が見られる）。

19世紀になると、鮭を地面に埋める代わりにディル、砂糖、塩、コショウを合わせたものに漬けるグラブラックス生産者が増えてきた。スウェーデン人はさらにグラブラックスを利用してラックスプディング（laxpudding）を作った。これは米、ミルク、バター、砂糖、グラブラックスで作ったプディングを焼いたもので、必ずケーパーソースが添えられた。

貯蔵や保存のために鮭を地中に埋めるのはスカンジナビア諸国の風習だと思われがちだが、実際には北極地方全体に見られる習慣だ。興味深いことに、大規模な鮭の遡上を可能にする水の冷たい海や川がある土地では、地中の温度も低いため、腐敗を遅らせることができた。たとえばアラスカ南西部のユピク族も、鮭を埋めた。ユピク族は夏の終わりにキングサーモンの頭を草で包んで埋め、数週間後、オートミールのようにどろどろになったものを掘り出した。この食べものは現在でも同じ方法で作られている。これを食べると幻覚を見ると言われるが、珍味だと考える村人は多い。

トリンギット族は同様の方法で鮭の頭を保存して食べ、それを先住民の言葉で k'ink' と呼んだ。彼らは高潮線《こうちょうせん》［満潮時の海水面が陸地と接する線］より下に大きな穴を掘り、穴の中に重い石や地元に生えるザゼンソウ［サトイモ科の草で悪臭がある］を敷きつめ、鮭の頭をその上に置いた。そして全体に板をかぶせて重しにし、アラスカの塩辛い海水が鮭の塊に行きわたるようにした。トリンギット族はできたものをそのまま、あるいは醱酵した鮭を炙って食べた。

このように、グラブラックス自体は19～20世紀に世界に広まることはなかったが、もともと北極圏の各地で昔から作られていた食べものなのだ。

◉保存加工の商業化

工業化が進む以前は、北アメリカ、ヨーロッパ、アジアの沿岸に住む人々は自然の恵みを長持ちさせるために乾燥、燻製、塩漬け、醱酵という技術を利用した。そうすることで、大量に獲れた鮭が腐るという悲惨な事態を避けようとしたのである。こうして、鮭を保存する方法を中心に非常に高度な文化がはぐくまれた。

19世紀半ば以降、食品産業の分野でも工業化が進行すると、鮭の保存加工も工業化された加工場で行なわれるようになった。つくるものはあいかわらず昔ながらの塩漬けや燻製鮭だったが、最新の機械と作業方法が導入されるようになった。こうして、保存加工された鮭の

アラスカ州コディアックで鮭を干す光景（1889年）

大量生産が始まり、世界中に鮭が届けられるようになったのである。

はじめて鮭の保存加工を商業目的で行ない、塩漬けの鮭を世界に広めたのは、シトカから南西に19キロメートル離れた村にある、北アメリカ初の大規模な保存加工場だった。

ベニザケの大規模な溯上に沿ってロシア人植民者が建設したこの村は、オジョルスク・リダウト、またはセレニエ・ドラニシニコワと呼ばれていた。ここで加工される大量の鮭は、場所によっては深さが300メートル近くにもなるために「深い湖」という意味のグルボコエ湖［現在はリダウト湖と呼ばれている］と呼ばれた湖から泳ぎ出してきたものである。この小さな村に古くから伝わる塩漬けという保存法が、世界の食品経済を変革していくことになった。

19世紀半ばに書かれたいくつかの記録によれば、リダウトでは毎年2万匹を超えるベニザケが塩漬けにされ、樽に詰められてサンクト・ペテルブルクやモスクワに輸送された。ロシアでは塩漬けにされたアラスカの鮭は富裕層の食べものだった。1886年、歴史家のヒュバート・バンクロフトは、リダウトで加工された塩漬けの鮭について次のように述べている。

この鮭は風味がすばらしい。ロシア・アメリカ会社がアラスカの権益を握っていた時代には、この会社の役員は毎シーズン数樽の塩漬けの鮭をサンクト・ペテルブルクの友人に送ったほどだった。

アラスカで商業目的の鮭の保存加工が始まってからそれほどたたないうちに、ハドソン湾会社［北アメリカの毛皮貿易のために1670年に設立されたイギリスの勅許会社］がコロンビア川に面した土地に商業的な塩漬け加工場を建設し、塩漬けの鮭を中国、日本、オーストラリア、アメリカ東部に出荷しはじめたが、それらの場所でも塩漬けの鮭が食べられるのは富裕層に限られた。

1902年までに、日本はブリティッシュ・コロンビアに独自の塩漬け加工場を設立し、そこで先住民族の男女が中国や日本に輸出される塩漬けのシロザケを干す仕事を始めていた。1930年代には、日本の塩漬け加工場では数百人の日本人とバンクーバー島に住む同数の地元民を雇用していた。保存加工された鮭はまもなく富裕階級のだけのものではなくなった。

土田麦僊『鮭と鰯』（1924年）

◉大量生産の時代へ

工業的な食品生産にはなにかと問題もあるが、利点もある。その利点のひとつは、食品を安く大量に生産できることだ。19世紀終わりには、生産にかかわる設備と専用のシステムが整えられ、保存加工された鮭が国際的なフードシステムを通じて大衆に届けられるようになった。

保存加工された鮭のフードシステムでは、漁場の近くで行なわれる最初の塩漬け加工の役割が大きく、最終加工は都市部で、たいてい燻製加工も含めて行なわれた。最終加工地は内陸にある場合もあれば、地球の反対側にある場合も多かった。たとえば北太平洋の各地で大量の鮭が塩漬け加工されたあと、塩漬け加工場からドイツに鮭が出荷され、そこで最終的に燻製にされた。

企業はこの工程を効率化するため、アラスカのヤクタットからカリフォルニアのモントレーまでの地域に塩漬け加工場や塩漬け加工小屋を建設した。塩漬け加工場は太平洋岸で数百を数えたが、大西洋側のノバ・スコシアにも数十軒の加工場があったことがわかっている。

まもなくこれらの塩漬け加工場は、アメリカ大陸全体に広がる鮭の保存加工業の重要な要素のひとつである低塩漬けの技法を確立した。低塩漬けにする場合は、鮭にまず塩を振り、

低塩漬けの塩水から取り出されて吊るされる鮭の半身

それから塩水に漬ける。塩水への漬けこみはティアス［イギリスの古い容量の単位で約159リットルに相当する］と呼ばれる巨大な樽で行なわれ、その光景は鮭が工業的なフードチェーンにはじめて本格的に組み込まれたことを象徴していた（保存加工された鮭を世界各地に輸送する目的で1890年代にオレゴン州ポートランドで考案されたティアスは、360キログラムの鮭を入れることができた）。

ティアスに入れられた鮭の大半は北太平洋から汽船でアメリカ東部やオランダ、ドイツの燻製工場あるいは燻製場に運ばれ、そこでヨーロッパ諸国とその植民地向けに最終加工された。こうして作られた燻製鮭が世界中に運ばれ、多種多様な文化の人々に食べられたのは確かだが、最終的にはこの燻製鮭にはユダヤ料理のイメージが定着した。燻製鮭にマスタードとキュウリのピクルスを載せ、ライ麦パンで挟んだサンドイッチは特に人気があった。

低塩漬けにしてから燻製にしたこの鮭は、リンゴ、タマネギ、ローストチキン、豆のピクルス、キュウリとともにマヨネーズであえ、固ゆで卵、ナッツ類、ケーパーを散らし、アスピックゼリー［スープストックをゼラチンで固めたもの］を添えたサラダにもなった。ある本には次のように書かれている。

この鮭は、薄く切って卵につけあわせればおいしく食べられるので、肉の代用としてべーコンの代わりに使われる。サンドイッチに挟む肉として（も）重宝されている。

食べものとして、あるいは料理の材料としての鮭は、干物、燻製、塩漬け、あるいは醱酵食品としてこれまでずっと食べられてきた。しかし、世界各地の文化が作り上げ、何千年もの間維持してきたこの鮭の食べ方は、19世紀初頭に登場したあるひとつの技術によって塗り変えられた。その技術は食べものに関する発明の歴史の中でもっとも革新的なもののひとつに数えられ、世界中のほとんどすべての食べものの利用法と手に入れやすさを改革した。鮭の保存加工がすたれたわけでは決してないとしても、この発明によってほかのあらゆる世界的な食べものと同様に、鮭と、鮭に対する人々のイメージは生まれ変わった。

その発明とは、缶詰だ。

第3章 ◉ 缶詰

直立姿勢もまた脳の拡大を促した要因であると考えられている。実際、ヒトが人間として生き、税や缶詰の鮭、テレビ、それに原子爆弾をほしいままにできるのは、大きな脳容量のなせるわざである。

——グスタフ・ハインリッヒ・ラルフ・フォン・ケーニヒスワルト

［ドイツの人類学者。1902～82年］

◉すばらしい缶詰

1904年、著名なアメリカの博物学者ウィリアム・ホルナルディは彼を崇拝する支持者たちに向かって、「鮭は大衆のために創造された」と述べた。魚としても食べものとしても、鮭に匹敵するものはほとんどなかった。しかし、ホルナルディによれば、あらゆる鮭の中でも最高なのは缶詰に入っている鮭だった。鮭の缶詰は単なる食べものではないとホルナルディは言い、それはアメリカの民主主義と植民地主義的な力の象徴だと述べた。「大海原の真ん中でも」、とホルナルディは彼独特の大げさな口調で次のように声高に言った。

偉大なアメリカ製の鮭の缶詰は海を渡る最高にして唯一の魚だ。極東の密林で、あるいは商魂たくましい中国の商人が開く辺境の市場で、鮭の缶詰は「ひょっこりと穏やかな顔を見せ」、故郷と肉屋から遠く離れた孤独な白人を出迎え、元気づけてくれる。

ホルナルディはさらに、こんなことも言っている。

最後の鮭の缶詰を空《から》にするということは、文明の枠からはみだすのも同然だ。鮭の缶詰を普及させるのは、人々の間に知識を普及させるのと同じくらい重要である。

鮭に関するホルナルディの著述を読むと、ただ人間の活力と栄養のために鮭を食べるよりほかにどんな理由があるのかと考えこんでしまう。ホルナルディから見れば、缶詰の鮭は地球の隅々まで到達し、アメリカの政治、軍事、経済の影響力が及びそうにない場所にある広大な市場を独占し、厳しい気候や溶け込みにくい社会、そして参入しにくい経済という障害を乗り越えることによって北アメリカ帝国を創造したのである。アメリカ内務省によれば、1916年に「鮭の缶詰はエジプトのカイロの市場、エルサレムやダマスカス市内、インド、中国、日本で見かけられた」。

アメリカ人旅行者はまるで幻覚を見ているような気がしたかもしれない。しかし、彼らの目の前にある鮭の缶詰は間違いなく本物だった。鮭の缶詰は魅力的で永続的なアメリカのシンボルであり、現代の私たちの目には古臭く映ったとしても、当時は自動車と同様に時代の最先端を行く商品だった。

鮭の缶詰が世界中に広まったのには理由があった。確かに従来の方法で保存加工した鮭は保存がきき、世界各地に出荷できたが、ずっと保存しておくことも簡単に輸送することもできないし、工場生産の効率のよさや革新的技術が十分活用できないといった問題点があった。設備と資本をいくら増やしても、保存加工は時代遅れの処理方法であり、原始時代の遺物だった。

一方缶詰は、新しく、革新的で、効率がよかった。缶詰にすることで、きわめて扱いやすく、輸送や保存が簡単で、しかも食べやすい食べものが作られた。ホルナルディがそうだったように、缶詰食品は人々に敬意、崇拝、そして畏敬の念まで呼び起こした。

WALRUS BRAND
RED SALMON
RED SALMO
PACKED·BY·THE
BARANOFF PACK
AT REDUTSKY LAKE
OFFICE
SEWARD BRAND
ASKA
SALMO
ME PACKING
KARLUK, ALASKA
SUNNY POI
SALMO
CONTENTS ONE POUND
CAPE KARLUK
RED SALMON

アラスカの缶詰工場で生産されたさまざまな鮭の缶詰（19世紀終わりから20世紀はじめ）

20世紀の大半を通じて、鮭といえば缶詰の鮭を意味した。20世紀の経済的に繁栄していた時期に、缶詰の鮭は大英帝国、ヨーロッパ、北アメリカ、そしてロシアで、ほとんどすべての家庭の常備品になった。鮭の缶詰がひとつも置かれていない食器棚や食糧貯蔵室は、がらんとしてもの足りなく感じられた。

◉缶詰の誕生

缶詰の歴史はつねに戦争と独裁者から始まる。フランス革命のさなか、ナポレオン・ボナパルトは食べものを確実に保存する方法の開発に成功した者に賞金を与えると発表した。これに応募したフランスの発明家、ニコラ・アペールは、ワインを保存する方法にヒントを得て、ひとつの保存法を開発した。ワインを密封して保存できるなら、食べものも同じようにできないわけがあるだろうか？ アペールはすぐに、食べものを加熱して密封すれば、生の食べものと違って短時間で腐らないことを発見した。

アペールの発見はひとつの革命を引きおこした――魚はどれほど条件がよくてもあっという間に腐る性質があったから、この新しい革命的な保存法を世間に広めるにはうってつけだった。

最初に缶詰になった食品は、鮭、牡蠣、ロブスターなどだった。鮭専門の缶詰工場は、まず大西洋に注ぐ川に沿って数を増やし、それから太平洋岸に建設が始まって、鮭とまったく同様に、産卵数の多い川の河口に群がるように建てられた。1824年、スコットランドのアバディーンでディー川とドン川の合流する地点に建てられた缶詰工場が、世界初の鮭の缶詰工場とされている。

カナダのニューブランズウィック州の都市セント・ジョンは、ヨーロッパ以外ではじめて鮭の缶詰工場が建てられた町という歴史を誇っている。その缶詰工場は1839年にセント・ジョン川がファンディ湾に注ぐ地点のやや上流に建設された。大西洋沿岸、特にニューブランズウィック州やノバ・スコシア州では、鮭の缶詰工場のうなるような音が響きわたり、ノバ・スコシア州のハリファックスではゴールデン・クラウン・カニング・カンパニーが、チャーチポイントではノーサンバーランド・パッキング・カンパニーが、19世紀半ばの鮭の缶詰製造業を世界的にリードした。

すぐにアトランティックサーモン（学名 *Salmo salar*）は国際的な食料複合体［中心となる農水産物の貿易によって、企業、農水産物生産者、消費者が結びつけられたもの］のひとつの要素となり、生産、加工、輸送の手段として薄いブリキ片を用いる新システムの一部となった。

アレックス・ブランドのカラフトマスの缶詰。20世紀はじめのスコットランドの人気商品だったと考えられている。

◉巨大企業

20世紀に入ってもこれらの缶詰工場は北大西洋沿岸で操業を続けたが、それらはただ、北太平洋に流れ込む曲がりくねった川に沿って誕生する大企業の古風な先駆者にすぎなかった。その大企業は、実際にはメイン州出身の鮭漁師、ジョージ、ジョン、ウィリアムという名のヒューム兄弟が、ロブスターの缶詰製造業の先駆者であるアンドリュー・ハプグッドと手を組み、豊かな鮭の恵みを缶詰にするために興したものだった。

1864年、彼らはカリフォルニア州のサクラメント川沿いで創業した。その年、ハプグッド・ヒューム・アンド・カンパニーは最初の2000箱分の缶詰を梱包した。2年後には事業を拡大するために、流域面積が57万平方キロメートルにも及ぶアメリカ西部のコロンビア川に工場を建てた。

当時、コロンビア川とその支流は太平洋を生息域とするサケ属の大切な故郷であり、これらの鮭にとってなくてはならない水路だった。のちにこの川に水力発電所を建設するために鮭を犠牲にしたことは、今もこの地域の痛恨の歴史となっている。昔は鮭に埋めつくされたコロンビア川だったが、今では豊かな鮭の遡上はただの語り草になってしまった。

コロンビア川に工場を建設した最初の年、ヒューム・カンパニーは4000箱を出荷し、競争相手が現れないまま、翌シーズンには3万箱を生産して世界最大の鮭の缶詰メーカーとなった。１８８０年代のはじめにはコロンビア川に数十軒の缶詰工場ができており、およそ４０００万ポンド［約18万トン］の鮭を缶詰にした年もあった。そのほとんどがキングサーモンである。第1次世界大戦が始まる頃には、22キログラム入りの箱１８００万箱がコロンビア川から世界各地に出荷されていた。

アメリカ大陸の北に位置するブリティッシュ・コロンビアとアラスカでも、鮭の缶詰製造業が急速に発展した。

１８７０年、アレクサンダー・ロギーとデービッド・ヘネシーは、ブリティッシュ・コロンビアを流れる大河フレーザー川の川岸に最初の缶詰工場を建設した。10年後、フレーザー川はカナダで鮭を産出するほかのすべての川を上回って、この国の鮭の缶詰産業の中心地となった。4年に1度のベニザケが豊漁の年には、フレーザー川に遡上する鮭の数はコロンビア川をしのぐほどだった。

１９００年にはフレーザー川の川岸だけで49軒の缶詰工場が立ち並び、生産、加工、流通、消費のフードチェーンの最後にいる人間が口にするために、鮭の潜在的な化学エネルギーを缶に詰めこんだ。

しかし、アラスカの缶詰工場に比べれば、フレーザー川やコロンビア川の工場さえ、大西

馬の力を借りて地引網を海から引き揚げる漁師。獲れた鮭は缶詰になる。1930年代。

洋岸の初期の工場と同じくらいちっぽけで取るに足りないものに見えた。フレーザー川やコロンビア川と違って、アラスカの缶詰製造業はロシアがアメリカに譲渡したばかりの広大な領土の全域に広く分布していた。

クラウォックとシトカに建てられた2軒の小さな缶詰工場を皮切りに、アラスカの缶詰工場は急速に発達し、すぐに世界の鮭の缶詰産業の頂点に立った。1900年には、アラスカの缶詰工場は相変わらず大量生産を続けていたフレーザー川とコロンビア川の生産量の2倍に達し、世界の鮭の缶詰の半分近くを生産していた。

20世紀半ばになるとアラスカの鮭の缶詰の生産量は世界のおよそ4分の3に達し、国内の市場だけでなく、ベルギー、オランダ領東インド［オランダが植民地支配していた現在のインドネシアにあたる地域］、メキシコ、フィリピンの市場にも輸出された。

アラスカ、フレーザー川、コロンビア川の3地域を合わせて、北アメリカは世界の鮭の中心地になった。１８９０年代にはカナダとアメリカが世界の鮭の缶詰生産の99パーセントを担っていた。しかし、１９００年代に日本が海で獲った鮭を缶詰にすることに成功してから、次第にこの産業での日本の存在感が大きくなっていった。

日本の鮭の缶詰産業が短期間に盛んになったのは、主に日露戦争が原因だった。この戦争によって日本は国として自給自足に向けた努力を余儀なくされ、日露戦争で敗北したロシアの大幅な譲歩で得た日本の漁業領域が、日本の自給自足を確実に後押しした。１９３０年には、日本の缶詰産業の主力は鮭の缶詰になり、日本のすべての缶詰食品のおよそ半分を占めるようになった。

●充填機と自動魚体処理機

わずか半世紀で、缶詰は保存加工に代わって、鮭だけでなくあらゆる食べものを保存する主要な方法になった。鮭の保存加工の時代が何千年も続いたあとで食文化の王座に昇った鮭

『太平洋の漁師 *Pacific Fisherman*』誌に掲載されたジュビリー・ブランドのベニザケの缶詰の広告。1907年。

の缶詰は、およそ１００年間その座に君臨し続けている。とはいえ、鮭の缶詰産業の発達は、保存加工業を抜きにしては決してありえなかっただろう。たとえば、商業的な塩漬け工場が、そのあとに登場した缶詰による保存への移行を容易にしたのは間違いない。

塩漬け工場やその他の保存加工業は、熟練、未熟練を問わず鮭特有の性質に対応できる労働者を育て、土地と川に資本を注入し、労働者の宿泊所や工場、管理事務所や船着き場を建設し、鉄道を敷設し、道路を造り、水上交通を開始し、市場を増やした。多くの点で、新しい缶詰工場は既存の技術と新しい技術を結びつけることで、はるかに効率的で生産力のあるシステムを生みだしたのである。

たとえばヒューム兄弟は、缶詰工場を始めるほぼ10年前から塩漬け工場を経営していた。アラスカ州ローリングに建設されたアラスカ・サーモン・パッキング・アンド・ファー・カンパニーの缶詰工場は、以前は塩漬け工場で、その前は長い間トリンギット族の魚釣りキャンプだった場所に作られた。その土地で国際鮭資本［鮭の漁獲から加工、流通、販売までを世界規模で行なう大企業］はトリンギット族を賃金労働のシステムに組みこみ、塩に代わってブリキ缶を保存の主要な方法として採用することで、ローリングの缶詰工場は鮭の缶詰産業において、しばしばアラスカの、そして世界の首位に立った（ちなみに、ローリングは今やほとんどの地図の上にさえ存在していない）。

塩漬け工場から一気に工業化が進んだのに加えて、缶詰産業は缶詰技術そのものの進歩によっておおいに発展した。缶詰の生産が始まったばかりの頃は、熟練したブリキ職人でも1日およそ60缶を製造するのが精いっぱいだった。19世紀半ばには、大量生産のおかげでひとりの非熟練労働者が1日に750缶生産する機械を監視するだけでよくなった。同時に、初期の缶詰生産者は缶をひとつひとつ手作業で密封していたが、1870年代には缶詰工場の大半が流れ作業を採用するようになった。

しかし、もっとも大きな変革をもたらしたのは、充填機と自動魚体処理機というふたつの発明だった。コロンビア川の漁師マチアス・ジェンセンが開発した充填機によって、ほとんど経験のない労働者でも、ナイフ、チェンバー、プランジャー［鮭を缶に詰める道具］を使って1分間に70缶分の鮭を詰めることのできるベテラン労働者に匹敵する仕事ができるようになった。

こうした熟練労働者はたいてい中国人で、彼らは充填機の導入後も鮭を解体し、内臓を取りのぞく仕事を続けており、これらの中国人労働者が工場全体の要として、最終的に缶詰工場の生産性を左右していた。

自然の産物である鮭と、鮭の缶詰の世界的な消費とを結びつけるにはこうしたベテラン労働者の存在が欠かせなかったが、おもしろいことに、それ以外の工程が機械化されると、こ

アラスカ州エルフィン・コーブにある、海に浮かぶ缶詰工場。1940年代。このような缶詰工場は、加工業者がより多くの鮭を処理するための、数多くの技術的改革のひとつだった。

れらの労働者が鮭をおろす速度では最大限の生産能力で動く生産ラインに追いつかなくなった。機械化された世界では、人間であるベテラン労働者が生産性の障害になったのだった。

1904年に開発されたスミス魚体処理機がこの障害を取り除いた。「鉄の中国人《アイアンチンク》」と名づけられたこの機械は、熟練工18人分の仕事ができた。缶詰工場の生産能力はたちまち倍増し、缶詰業者は豊富な自然の恵みに追いつけるようになった。こうして缶詰産業全体が、鮭を機械で解体するこの技術を中心に発展した。

この魚体処理技術と生産工程の機械化によって鮭の缶詰は格段に安く作れるようになったが、鮭を世界的な食べものの主役の座に押し上げたのは、カラフトマスの熱心な販売促進活動と商標戦略によるところが大きかった。

◉カラフトマス

1890年代を通じて、カラフトマスは特定の地域で好まれてはいたが、世界市場での価値はきわめて低かった。太平洋岸の小さな川で誕生するカラフトマスは肉がやわらかいため、商業的な保存加工にはほとんど使えなかったからだ。カラフトマスの一般名称は事態をさらにややこしくした。カラフトマスは、ロシアでの名前と学名のゴルブスカ（*gorbuscha*）

平底船から水揚げされ、待ち構える缶詰工場に向かうベニザケ（1937年）

を訳してハンプバックサーモンと呼ばれる［ハンプバックとは背中のこぶのことで、カラフトマスの背びれの前部がせり上がっているためにこの名前がついた。日本では「背っ張り」という］。

カラフトマスのやわらかい肉は商業的な保存加工には向かなかったが、缶詰商品にはぴったりだった。また、鮭の中では漁獲量が世界一多いので、缶詰業者の立場からは、安く簡単に大量生産ができるという利点があった。

ところでカラフトマスの数の多さは、その生活史に理由がある。カラフトマス（学名 *Gorbuscha*）は小さな川に適応して進化したので、生存に必要なエサを獲得するため、ほかのどの種類の鮭よりも誕生してから短期間で海に出ていく。ベニザケやキングサーモン、ギンザケは孵化してから数年間淡水で成長するが、カラフトマスは生まれて数か月で海に出る。カラフトマスは海で豊富なエサを食べて成長するため、栄養分の少ない淡水の生態系で育つ鮭に比べれば、より多くの稚魚が生きのびて成魚になる。

缶詰以前の保存加工の時代には、カラフトマスはその数の多さと肉のやわらかさ、そして奇妙な名前のせいで、食品としての価値がきわめて低かったものの、工業的な缶詰生産が行なわれるようになってからは、工場での処理の効率のよさと、缶詰にすることで生じる化学的変化のおかげで、数が多く、肉がやわらかいという最初のふたつの問題点は克服できた。

北太平洋の缶詰業者はカラフトマスの薄紅色の肉にちなんで「ピンクサーモン」と名づけることで最後の問題を解決した。彼らは予算をたっぷりつぎこんだ戦略的な販売促進キャンペーンによってこの改名を後押しした。ブリティッシュ・コロンビアの缶詰業者は、「ピンクサーモンへの理解を深めるキャンペーンのため」、バンクーバーからイギリスにひとりの中佐を派遣しさえした。

ハンプバックからピンクサーモンに改名されたカラフトマスは、第2次世界大戦が始まる前に、すでに缶詰業者の間で人気が高まっていた。わずか20年ほどの間に、カラフトマスは無価値な魚から缶詰の王様に変貌を遂げたのである。実際、カラフトマスを利用したことが、鮭の缶詰が世界中に広まるひとつの大きな要因になった。

ほかの6種類の鮭［キングサーモン、シロザケ、ギンザケ、ベニザケ、サクラマス、アトランティックサーモンを指す］は、味は消費者に好まれたとしても、少なくとも漁獲量の少なさという現実的な理由で、缶詰商品として主流になりえなかった。

結局、こうしたいろいろな出来事を経て、列強と呼ばれる国々に民主主義が浸透した1世紀の間に、鮭の缶詰は重要な「民主的」食べものとなった。鮭の缶詰は時代の先端の食べものであり、当時の大きな社会的、政治的な変化に乗り遅れたくないと考える市民は、料理の面では鮭の缶詰さえ食べていれば安心していられた。鮭の缶詰は、その用途の広さ、使いやすさ、便利さ、そして（主にカラフトマスによる）値段の安さが功を奏して、世界中に受け入れられ、世界の食文化の大切な一部になった。

●最高のインスタント食品

鮭の缶詰には実にたくさんの食べ方があり、朝食、昼食、晩餐、あるいは軽い食事に簡単に取り入れられ、食生活に季節ごとの変化を与えてくれるこれは1915年に開催されたサンフランシスコ万国博覧会のパンフレットに書かれた鮭の缶詰の説明だ。さらに同じパンフレットには次のような記述もある。

鮭の缶詰があれば食事どきに不意にお客が来てもあわてないですむし、フルコースのディナーの凝った料理にも利用できる。鮭の缶詰は特にピクニックや遠足の昼食にもってこいだし、キャンプでは非常に役に立つ。

塩漬けや燻製の鮭にはきわだった風味があり、丸ごと炙るかオーブンで焼くか、あるいはゆでて単独で食べられることが多いのに対し、鮭の缶詰はいろいろな材料と合わせて使われるのが特徴で、使いまわしが利くという評判に偽りはなかった。塩漬けや燻製の鮭がそれだけで料理になる価値の高い食べものだとしたら、鮭の缶詰はさまざまな食材の出会う場所であり、だからこそ独特の食文化を発達させたと言える。

鮭の缶詰はタンパク源としていろいろな使い方ができたので、食品貯蔵室《パントリー》の必需品、世界最高のインスタント食品になった。

ロシアでは、塩漬けや燻製の鮭に代わって、缶詰の鮭がピエロギ［小麦粉を練った生地で具を包んで焼くかゆでるかした料理］やピロシキ［具を包んで焼くか油で揚げたパン］の具とし

アラスカ州の港町ピーターズバーグで、船に積み込まれ、世界に向けて出荷されるポットラッチ・ブランドの鮭の缶詰（1907年）

て一般的に使われるようになった。定番の具は、缶詰の鮭、固ゆで卵、米、バター、マッシュルームで、これらをすべて混ぜてイーストで醗酵させた生地で包む。もうひとつの定番はタマネギ、パセリ、生卵、鮭の缶詰だ。

世界各地に離散したユダヤは、食事について厳格な戒律［屠殺の仕方や調理法、食べてよい食品が定められ、魚はひれと鱗のあるものだけを食べていいとされる］が定められているため、缶詰の鮭をよく利用した。

ホームメーカーズ・リサーチ・インスティテュートが出版した『ユダヤ系アメリカ人の料理大全 *The Complete American-Jewish Cookbook*』には、サーモンローフ［細かくきざんだ鮭、卵、タマネギなどを混ぜて型に入れて焼いたもの］、サーモンスフレ［しっかり泡立てた卵白に鮭などの材料を混ぜて焼いたもの］、サーモン・ライスボール・キャセロール［鮭とタマネギ、米、卵などを混ぜて丸めて鍋に入れ、スープを加えてオーブンで焼く料理］、サーモンコロッケ、鮭とジャガイモのキャセロール［鮭とジャガイモを鍋に重ねて入れ、卵と生クリームを混ぜたものをかけて焼く料理］、スイート・アンド・サワー・サーモン［鮭と野菜を炒めて甘酢あんかけをかけた料理］などが紹介されている。

おそらくもっともおもしろい料理はサーモン・バスケットだろう。この料理は、耳を切り落とした食パンの中身を少しくりぬいて器のようにしたところに、牛乳、パン粉、缶詰の鮭とみじん切りのタマネギを混ぜ合わせたものを詰め、全体にバターを塗って高温のオーブンでキツネ色になるまで焼いたものだ。

◉健康キャンペーン

しかし、鮭の缶詰をもっとも歓迎したのは大英帝国やアメリカだろう。これらの国で鮭の缶詰がもてはやされたのは、便利さや使いやすさ、値段や手に入れやすさという利点だけでなく、イギリス人やアメリカ人の健康に対する考え方に鮭がぴったり一致したからだ。

イギリスで最大の売り上げを誇るふたつの鮭の缶詰会社、ペリング・スタンリー&カンパニーとジョン・ウエストは、20世紀はじめに大西洋の両側の多くの消費者に芽生えた健康への興味に乗じて、鮭は健康にいいという主張を中心にマーケティングを展開した（イギリスでは大西洋を回遊する近海の鮭の数が減ったせいで、太平洋産の鮭の缶詰の売り上げが伸びたという事実も見過ごせない）。

アメリカでは、化学者で近代栄養学の創始者でもあるW・O・アトウォーターが、鮭を食べれば高価な肉と同じ栄養がずっと安い値段で得られると述べて、アメリカ人にもっと鮭を食べるように推奨した。雑誌『アメリカの農家 *American Agriculturist*』では、ある記者が

「良質で新鮮な鮭の8オンス［約227グラム］入りの缶は、現在この国の食料品店では小売価格18セントで買える」と述べ、「サーロインステーキは1ポンド［約450グラム］20セントから25セントだが、同じ重量で比較すると鮭より栄養価は低い」と指摘した。

世界の市場で売られているどんな食べものも、缶詰のカラフトマスほど高品質のエネルギーが同じ値段で得られるものはなかったし、缶詰のベニザケやキングサーモンもその点でカラフトマスに大きく劣るわけではなかった。

◉戦争と鮭缶

戦場はたいてい料理に変化をもたらすきっかけとなり、アメリカとイギリスが20世紀の前半に戦ったふたつの大きな戦争もまた、これらの国とその勢力圏内にある国々に缶詰の鮭を広める原動力となった。

アメリカでもイギリスでも、缶詰の鮭は戦場での料理の中心を担っていた。あるアメリカの出版物は、缶詰の鮭には「陸軍に勤務しているようなたくましい青年の味覚と身体的な要求を満足させるものが」含まれていると述べた。

戦場では兵士は缶から直接鮭を食べ、駐屯地では、この血気盛んな若者たちは鮭をサーモ

第2次世界大戦中、配給制と鮭の消費促進計画によって、鮭はあらためて世界的な食べものとして普及した。

ンケーキ［鮭をマッシュポテトと混ぜて丸めて衣をつけて揚げたもの］やサーモンハッシュ［マッシュポテトと一緒に炒めたもの］、パティ［平たく丸めて焼いたもの］にして、必要な栄養を補給した。

第1次世界大戦当時の料理書には、60人分のサーモンハッシュの作り方が載っている。12缶の缶詰の鮭と11・3キログラムのマッシュポテトにビーフのスープストック少々を加えて混ぜ、薄く油を引いた焼き型に入れ、中温に温めたオーブンに入れて1時間弱焼くというものだ。

1941年版の『軍隊料理 *The Army Cook*』は、100人分のサーモンケーキの作り方を説明している。それによると、1ポンド入りの鮭の缶詰20缶分とマッシュポテト約13キログラム、卵20個、クラッカーを砕いたもの約900グラムを混ぜ合わせれば簡単にできるそうだ。「よく混ぜ、好みで塩、コショウし、約8センチに丸めて、小麦粉をまぶしてたっぷりの油で揚げる」。そして「熱いうちにトマトソースをかけて食べる」

◉進化する缶詰レシピ

戦争と鮭の缶詰の結びつきは戦場を超えて広がった。戦争中、鮭の缶詰の消費が制限される回数はほかの肉に比べて少なく、政府は国内でもっと鮭の缶詰を食べるように積極的に奨励した。あるアメリカ人は「おかしなことだと思うかもしれないが」と前置きしながら、次のように述べている。

レバー（子牛やチキン、ビーフのレバー）と鮭の缶詰の味は両方とも（中略）子どもの頃の配給制のおかげで好きになった。レバーはほかのもっといい肉に比べて少ない点数切符［戦争中、不足している特定の日用品の消費を規制するために政府が配った切符で、切符と引き換えでなければ商品が買えない仕組み］で買うことができ、鮭の缶詰は（たまに缶が不足したときを除いて）一度も配給制にならなかったからだ。

こうした経験がイギリス人やアメリカ人の鮭に対する愛を確固たるものにした。現代の読者には奇妙に聞こえるかもしれないが、鮭は温めても冷たいままでも、缶から出してそのまま食べるのが人気のある食べ方だった。

「缶詰の鮭は缶から取り出し、冷たいまま食べるのがおいしい」と、あるアメリカの作家は１９１０年代に書いている。もし料理人がこの円筒形の珍味をおしゃれに盛りつけたいと思うなら、この作家は「冷たいベアルネーズソース［バター、卵黄、酢を煮詰めて作るソース］やマヨネーズ、タルタルソース、レモン汁、あるいは酢をかけて出してもよく」、固ゆで卵やパセリの小枝で飾ってもいいと勧めている。

もうひとつの典型的なレシピは、鮭を缶のまま「焼く」調理法だ。鮭の缶詰を沸騰したお湯で15分間温め、その間にソースかグレービーソースを用意して、温まった鮭にかければできあがり。あるレシピは次のように指示している。

缶を熱湯から取り出し、蓋を開け、缶汁をグレービーソースに入れて鮭を皿に盛りつけ、グレービーソースを鮭の上や周りにかける。レモンの薄切りとパセリを飾る。

しかし、多くの場合、鮭の缶詰はほかの材料と混ぜあわされて、いろいろな料理に形を変えた。たまに缶詰をそのまま「焼いて」出すことがあっても、鮭の缶詰はめったにそれだけで料理として出されることはなかった。

料理としての鮭はほかの材料次第で、鮭のサラダや鮭のスフレになり、鮭のチャウダー［魚介や肉と野菜を加えて煮込んだ具だくさんのスープ］やカレーにもなった。また、鮭はタンバル［みじん切りの肉や野菜を丸い型に詰めて焼いたグラタン］、サーモンローフ、フリッター［揚げもの］、サーモンケーキ、コロッケ、パティなどの料理の主要な具にもなれば、つなぎにもなった。

4分の3世紀の間、これらの料理はみなひとつの前提に基づいて、英語圏の料理書に必ず掲載されていた。その前提とは、缶詰の鮭に卵と、場合によって小麦粉（本物の小麦粉か、細かくしたクラッカーやパン粉でもよい）を加えると、ほとんど調理人の思いのままの料理に作りかえ、形を変え、味つけできるというものだ。

鮭の缶詰はパセリやクリーム、メース［ナツメグと似た香りのスパイス］とともに使われることもあったし、ケチャップやタマネギ、ときには少量の焦《こ》がしバター、ジャガイモ、セロリソルト［香辛料の一種］と合わせて料理されることもあった。

しかし、5種類を超える材料がレシピに書かれることはめったになく、特に20世紀のはじめ頃に書かれたレシピはその傾向が強かった。典型的なのは、マートル・リードの『魚の料理法 *How to Cook Fish*』に紹介されている7種類のサーモンコロッケの作り方のひとつだ。この本はリードが書いた多数の料理書の1冊で、1913年に出版された。

「大さじ1のバターと大さじ3の小麦粉を一緒に鍋に入れて火にかけ」、とリードは書いている。

1カップのクリームを加え、とろみがつくまでたえず混ぜる。塩、レッド・ペッパー、きざんだパセリで調味し、火から下ろしてレモン汁と1缶のほぐした鮭を加える。よく混ぜて冷ます。コロッケの形に丸めて溶き卵とパン粉をつけ、たっぷりの油で揚げる。

また、ヴァン・H・タルケンの古典的料理書『南アフリカの実践的料理 *The Practical Cookery Book for South Africa*』（1923年）に出ているレシピも典型的なもののひとつだ。タルケンのサーモンフリッターは代表的な料理であり、示唆に富んでもいる。

鮭1缶にパン粉½カップ、卵1個、タマネギみじん切りスプーン1杯、パセリみじん切りスプーン½杯、酢スプーン1½杯、小麦粉デザートスプーン［大さじと小さじの中間

甲板の上で市場に出荷されるのを待つキングサーモンとギンザケ

の大きさ］1杯を加え、丸めて、溶き卵、小麦粉の順につけ、ドリッピング［牛脂やラードなど、動物性の脂］で揚げる。

これらの料理を作るとき、鮭の缶詰がすぐれているのは肉がほぐれやすいからで、一方、料理としての出来栄えのよさは、鮭がほかの食材となじみやすい性質から生まれている。

20世紀の終わりに近づくにつれて、缶詰の鮭と卵、小麦粉の3点セットに加える材料はさらに大胆になっていった。サワークリーム、ピーマン、赤ピーマン、チーズ、オリーブ、セロリ、シェリー酒、トウガラシ、ウスターソース、マスタードなどがこれらの料理に登場しはじめた。これらを混ぜ合わせたものの中で缶詰の鮭はほかの材料を包み込む一方で、調理することでほかの材料によって新しい姿に生まれ変わった。

◉斜陽

しかし、帝国と同様に、食べものにも栄枯盛衰はつきものだ。１９７０年代に入る頃には、それ以前の多くの食べものと同様に、缶詰の鮭は世界全体で料理、文化、経済面での重要性を失った。

鮭の缶詰の全世界での生産量は、アラスカでの一時的な鮭の不漁も原因となって、１９４０年代の全盛期から大きく減少した。１９４０年代にはアラスカで1億匹の鮭が水揚げ、加工、出荷される年が続き、そのうちの90パーセントを缶詰が占めていた。その後、漁獲高は減る一方で、１９７０年代には戦前の15パーセントまで落ちこんだ。

いつ、どうして、どのように缶詰の鮭が世界の主要な消費者製品の座から滑り落ちたのか、正確に特定することは難しいが、１９７０年代に経済、健康、料理の分野で新しく登場した潮流によって、鮭の缶詰の文化的な重要性が失われていったのは確かだ。

ひとつ原因をあげるとすれば、ツナ缶の生産と消費の世界的な増加が、鮭の缶詰の衰退の一因になっている。鮭の缶詰の料理上の競争相手となったツナ缶は、20世紀後半に海産物の

フライパンで焼くばかりになったアラスカ産天然鮭の半身と切り身

缶詰の世界的な消費と生産に変革をもたらした。

鮭は「世界的な食品」という表現がぴったりだったが、ツナ缶の原料であるマグロは、文字通り「世界的な魚」である。というのも、マグロは鮭の生存と繁殖に必要な冷たい海水に限らず、どこででも獲れるからだ。

そのため、コートジボワール、タイ、エクアドル、モーリシャス、ガーナ、メキシコ、フィリピンなどの発展途上国がマグロ漁とツナ缶製造の両方に参入することができ、供給を増やすと同時に生産コストを減少させた。「海のチキン」と称されるマイルドな味が好まれて、1970年代にツナ缶の売り上げは鮭の缶詰を追い抜いた。

そして1982年2月、ベルギーのブリュッセルでエリック・マテとその妻が、アラスカのケチカン産の鮭缶で作ったパテ［細かくした肉や野菜をパイ生地で包んで焼いたもの」に舌鼓を打っていた。しかしこの食事は20世紀最大の影響力を持つ事件となった。1週間後の2月7日、この27歳のベルギー人はボツリヌス中毒で亡くなった。調べてみると、このケチカン産の鮭の缶詰はリバプールのジョン・ウエスト社のために生産されたものであることが明らかになり、鮭の生産・流通・消費の世界的な結びつきを示す結果になった（ジョン・ウエストはその後ツナ缶専門のブランドになった）。

当時、ジョン・ウエストの鮭の缶詰はイギリスだけでなく、オランダ、南アフリカ、オーストラリア、そしてもちろんベルギーに輸出されていた。食品衛生取締官はただちに行動を起こし、5か国すべてが即座にアラスカ産の鮭の缶詰の輸入を停止し、1980年から81年にかけて製造された鮭の缶詰を廃棄するように消費者に呼びかけた。

問題となった鮭缶のボツリヌス菌は不完全な缶詰製造技術が原因だと結論づけられ、アメリカ食品医薬品局は世界で2番目に大規模な食品リコール［製品に欠陥がある場合、生産者が無料で回収・修理すること］を命じた。最終的に、アラスカの8軒の缶詰工場から出荷されたおよそ1140万キログラム相当の5000万個を超える鮭の缶詰が回収もしくは廃棄された。

鮭の缶詰はすでにどんどん重要性を失いつつあったが、この事件で評判は地に落ちてしまった。1987年には鮭缶の生産と、おそらく消費も、20世紀半ばの絶頂期の10分の1まで減り、世界的にどん底状態となった。

しかし、１９８２年のボツリヌス菌事件と、世界でもっとも人気があって入手しやすい海産物の缶詰としてツナ缶が受け入れられたことに加えて、もうひとつの出来事が鮭の缶詰の凋落に拍車をかけた。それは、同じ鮭ではあっても、缶詰とはまったく違う食べものとして、生鮭の市場が世界中で急速に成長したことだ。実際、これらすべての出来事が一度に重なって、世界中の消費者が鮭に抱くイメージが塗りかえられたのである。

第4章◉生鮭

ひとことで言えば、鮭は特別である。
——トマス・クイン［ワシントン大学水生生物水産科学部教授］

◉名シェフが注目した漁法

1998年、フランス人シェフのアラン・デュカスはアラスカ州シトカのロッキー・グティエレス国際空港に降り立った。有名なモナコの「ルイ・キャーンズ（15世）」をはじめ、ヨーロッパで数々の格式高いレストランを経営するオーナーシェフのデュカスは、この辺境の町では明らかに場違いに見えた。デュカスは同業者から世界最高のシェフと仰がれ、ヨーロッパのビジネス・リーダーからはもっとも偉大な経営者のひとりと称えられてきた。デュカスは現代に生きるどの料理人よりも多数のミシュランの星に輝いた、料理界の重鎮だった。

料理コンテストで他のシェフとともに仕事をするアラン・デュカス（中央）

シトカに到着したとき、デュカスは60年にわたるミシュランの歴史の中ではじめて一度に6つの星を獲得したばかりだった。一方シトカには、しゃれたレストランと呼べるようなものはまだ一軒もなかった。シトカでは、デュカスはいわば陸に上がった魚のように周囲から浮いていた。しかし、デュカスはシトカで料理界の才能ある人々と交流するために来たのではなかった。デュカスの目的は、これまでにそこを訪れた多くの人々と同じく、キングサーモンだった。

シトカ滞在中にデュカスが目にしたのは、昔から伝わるひき縄釣り［船を走らせながら釣り針をつけた複数の釣り糸をひき回して魚を獲る方法］の漁法がふたたび脚光を浴びるかすかなきざしだった。

ひき縄釣りのように、ひとつの釣り針で一匹の鮭を捕らえ、別々に釣り糸を巻き上げ、獲れた鮭をひとつひとつ手でさばく方法は、まるで飼料用トウモロコシを1本1本手で植えて収穫するようなもので、缶詰の全盛期にはまったく経済的に割に合わないものだった。

大量に獲って加工するシステムでは、スピード、効率性、そして量が何よりも重視され、缶詰工場のベルトコンベアをつねに鮭で一杯にしておくには、網や捕魚車［鮭の遡上する川に設置され、かごのついた水車が水力で回転してかごに入った鮭は水槽に落とされる仕組み］、そして梁《やな》で鮭を捕獲する必要があった。

しかし1980年代、社会的、技術的、経済的な変化が次々と起こり、すたれかけていたひき縄釣りにふたたび活躍の場がめぐってきた。ボツリヌス菌事件によって、カラフトマス、そして量は少ないがベニザケに頼ったアラスカの缶詰産業は壊滅状態になった。しかし逆に、キングサーモンやギンザケなど、いわゆる高級魚を扱う漁師にとって、これはチャンスだった。

これらの鮭は普通は冷凍か、たいていは軽く保存加工され、少量ずつ世界中に出荷されていた。輸送技術の改革もまた、これらの高級な鮭にとって追い風となった。ジェット機のサービス網が拡張され、流通技術が進歩して、貨物空輸によって北太平洋産の鮭が東京や北京、そしてモナコやパリまで、世界中どこへでも48時間以内に届けられるようになった。

北太平洋でキングサーモンのひき縄釣りをする漁船（1930年代）

漁船ルーン号の船長マーシュ・スキールがひき縄釣りで獲ったキングサーモン

デュカスは次のように説明している。

１９７０年代の終わりに貨物空輸が登場するまで、アラスカの海や川以外で目にするアラスカ産キングサーモンは、燻製や缶詰、あるいは冷凍にされたものだけだった。現在では世界中でキングサーモンを味わうことができる。

こうした事情を考えると、ひき縄釣り漁師はさぞもうかっていたに違いないと思えるだろう。しかし、デュカスがシトカを訪れたとき、ひき縄釣り漁師は生計を立てるのがやっとのありさまだった。

魚仲買人のダン・ストッケルは、新しく発展した生鮭の世界市場における彼らの立場をふりかえって、「私たちは、いないも同然だった」と硬い表情で語った。ストッケルの嘆きは、世界各地の鮭漁師がこぞって食い止めようとしていた問題、すなわち鮭の生産が北太平洋から大西洋に回帰する大きな変化の兆候を示していた。

◉台頭する大西洋の生鮭

太平洋の鮭はかつて缶詰の王様だったが、大西洋産のアトランティックサーモンは生鮮魚の王様として急速に売り上げを伸ばしていた。さらに重要な点として、アトランティックサーモンは木造のひき縄漁船に乗った漁師が限られた季節だけ水揚げするのではなく、ノルウェーやスコットランド沿岸の浅い海に網を張って作られた生《い》け簀《す》で養殖されていた。養殖場でアトランティックサーモンは一年中水揚げされ（ポンプで吸い上げている！）、ジェット機の貨物室に載せられて、昔なら考えられなかったようなスピードで人々の食卓めがけて飛んでいくのだ。

水産養殖、あるいは養殖漁業は、世界の鮭の生産と消費を一新した。たった10年で、養殖業者が供給する安価なアトランティックサーモンが世界の台所を席巻し、ノルウェー、スコットランド、チリ、ブリティッシュ・コロンビア沿岸で鮭の養殖場が爆発的に増えた。それにつれて、中流階級の消費者がはじめて一年中食生活に生鮭を取り入れられるようになった。生鮭はビーフステーキや豚肉、子ヒツジの肉、鶏肉とほぼ同じ値段でスーパーに並ぶようになり、漁獲高が減りつつあったコダラやマダラなどの白身魚の代わりとして、料理書にも載るようになった。アトランティックサーモンは、現在では生の使いやすい形で世界中で流

クリーム色の脂肪の層が見える生のベニザケ。海で獲れた鮭が食卓まで届けられる方法は、50年前とはまったく違う。

通している。養殖というまったく新しい方法によって、生鮭は手ごろな価格で手に入れやすいものとなり、鮭の調理法や食べ方に改革をもたらした。

小さな漁船を操る鮭漁師は猛反発したかもしれないが、養殖は鮭を生産して食べるための新しい画期的な方法だった。

鮭が遡上する川と海岸近くで暮らす人々は、もちろん昔から獲れたての鮭を味わってきたが、はじめて生の魚を氷の上に並べて遠くまで輸送したのは中国人らしく、この方法は18世紀半ばまで続いた。こうして魚を運ぶには、冬の間に氷を切り出し、あとで輸送に使うときまでその氷を氷室に貯蔵しておく必要があった。

◉初期の生鮭市場

鮭について言えば、19世紀最初の10年間にはすでに、鮭が遡上するスコットランドの川からロンドンまで氷漬けの鮭を輸送するための新しい流通網が、規模はまだ小さいなりに確立していた。1816年、スコットランドのサミュエル・スパイカーという旅行者は、スコットランドのテイ川からロンドンの市場まで定期的に氷漬けの鮭が送られている様子を記録している。

鮭は一匹ずつ長い箱に入れられ、上と下に氷が詰められる。そしてスマックと呼ばれる小型帆船は毎週2回ロンドンに向けて出港する。ので、鮭は氷漬けにされたあと、出港までの2日間は氷を補充しながら港にとどまっている。

同時に、国産の生鮭をロンドン市民がもっと便利に買えるように、商業目的の氷貯蔵倉庫がイギリスの鮭の遡上する川に沿って雑草のような勢いで成長した。

北アメリカでも同様の現象が起こった。アメリカ東海岸の市場に出荷する鮭を冷蔵するために、メイン州のケネベック川のほとりに氷貯蔵倉庫が建設された。アラスカや太平洋北西部では、魚の流通・販売の世界的大企業であるブース・フィッシャリー・カンパニーなどの食品業者が少量の生鮭を出荷するために、海岸沿いに低温貯蔵倉庫を建てた。しかし、こうして冷蔵して出荷される鮭でさえ、まず保存加工されるのがほとんど当たり前だった。冷凍の鮭も存在したが、冷凍の鮭と生鮭を合わせても、缶詰の鮭に比べれば世界的な食品としての重要性は低かった。

たとえば１９１７年、アラスカ産の鮭全体の卸売価格は４７８０万ドルをわずかに下回る金額だったが、そのうちおよそ４６３０万ドルが缶詰で、残りの１５０万ドルが、軽く保存加工されたもの、干して塩蔵したもの、ピクルス液に漬けたもの、冷凍、そして生鮭だった。だから20世紀の最後の30数年間までは、缶詰の鮭と保存加工された鮭以外の商品は世界の市場にはほとんど出回っていなかったと言っても間違いではない。

●養殖と生鮭

生鮭の世界的な市場は、１９６１年、ノルウェーのヒートラという町に面して細長く伸びるフィヨルドから始まったということは、かなり正確にわかっている。ここで、オーブとシーベルトというグロンベット家のふたりの兄弟がアトランティックサーモンのスモルト［川から海に出ていく準備が整い、体が銀色に変化した鮭」を捕獲し、自宅近くに設置した海面に浮かぶ生け簀で育てはじめた。この一見なにげない行為が、世界の生鮭市場におけるノルウェーの優位を決定する一連の出来事の始まりだった。

皮肉なことに、生鮭市場でのノルウェーの急速な成長の原因のひとつに、天然のアトランティックサーモンの漁獲高の減少があった。公害、ダム建設、そして乱獲によって1960年代に北大西洋の鮭漁業はすでに壊滅的に衰え、ノルウェーは漁民を仕事に復帰させるため、本格的な養殖漁業計画に着手した。この計画の基本は、漁師に低金利の融資と公的補助のついた技術指導を提供し、養殖業への転換を勧めるものだった。また、さびれていた漁村の雇用の安定と公平な競争を促すため、鮭の養殖場の広さには上限が決められた。

ノルウェーのオースにある水産養殖研究所職員のトリグベ・ゲドレムは、このプロジェクトに対する熱意を次のように語った。「養殖漁業は沿岸地域の発展に大きく貢献している」とゲドレムは力説した。「内陸ではなく海側に向かう人の流れが、はじめて生まれている」

公的支援はそれだけにとどまらなかった。ノルウェーはアトランティックサーモンの人工種苗《しゅびょう》［採卵・受精・孵化・飼育までを人工的にコントロールする生産方法］も国家的事業に設定した。ゲドレムをはじめとするノルウェーの科学者は、新しく誕生した鮭の集団ごとに、前年と比べて10パーセント増、あるいは良好な年はそれ以上の割合で上回る年間成長率を達成することができた。また、脂がのって病気にも強い鮭や、数千匹の仲間と一緒に生け簀に入れられてもストレスの兆候をほとんど示さない鮭の品種を作った。

タイセイヨウサケ属、そしてサケ属は、数百万年をかけて現在の姿に進化し、それぞれに独特の歴史、土地、長い時間が作り上げた味わいがあった。ところが、たった2世代で科学者はタイセイヨウサケ属を完全に作り変え（サケ属はタイセイヨウサケ族ほど柔軟に変化しなかった）、新しく生まれた種は「家畜化された鮭 *Salmo domesticus*」と呼ばれるようになった。人為的な淘汰によって、生け簀の環境や世界市場が要求する生産量、そして人間が工夫した味に適応するように進化させられた鮭が、今やこの地球の海を泳ぎはじめたのである。

しかし、ノルウェーの養殖産業においてもっとも重要な出来事は、1978年に国が養殖業者販売組織を設立したことだ。今日、世界中の消費者に知られている生鮭の高い品質は、この組織の設立によるところが大きい。

◉生鮭の世界的キャンペーン

養殖業者販売組織は共同で数千万ドルを投じて生鮭のマーケティング活動を世界的に展開し、消費者、特に重要な市場である日本とフランスの消費者に、ノルウェーの生鮭は鮭の中

鮭のソテーをホウレンソウの上に盛りつけ、赤ピーマンのスープに浸した料理。

でも品質のよい、すぐれた食品であると訴えた。生鮭は限られた季節の食べものだと考えられていたため（鮭が獲れるのは回遊を終えた鮭が生まれた川に帰ってきたときだけだから）、養殖業者販売組織は大々的なキャンペーンを行ない、品質のよい養殖の生のアトランティックサーモンは一年中手に入ると保証した。

この品質を守るために養殖業者販売組織は、これまで海産物に課せられた中でももっとも厳しい品質管理を行ない、国内の養殖場から出荷される鮭はすべてこの基準に合格していなければならないと法律で定めた。また、養殖業者販売組織は鮭の屠殺の方法、おろし方、梱包と出荷についても厳格な（当時は前例のなかった）基準を法制化し、ノルウェーの鮭が高級な生鮮食品であることを保証した。

高品質で新鮮な鮭をヨーロッパやアジア、北アメリカの消費者に届けるこのノルウェーのビジネスモデルは、すぐにスコットランド、ブリティッシュ・コロンビア、そしてチリに広がった。

オランダを本拠地とする多国籍企業のユニリーバ社は、子会社マリンハーベストをスコットランドに設立し、シェットランド諸島沖で養殖事業を開始した。1970年代半ばにマリンハーベストは年間45トンを超える鮭を生産するようになった。

これはまださささやかな数にすぎなかったが、ノルウェーの鮭養殖業者の注目を集めるには十分だった。彼らはスコットランドの養殖産業が持つ、ある利点に気づいていた。それは、スコットランドの養殖産業では養殖場の大きさが制限されていないという点だった。

そこに目をつけて、資本と技術のあるノルウェーの事業家や会社はスコットランドに殺到し、スコットランドを世界最大の養殖鮭の供給地に押し上げた。ノルウェーと違って、スコットランドの養殖産業の大半は外国に親会社のある多国籍企業が所有していた。

ノルウェーとスコットランドで鮭の養殖が成功したことに刺激されて、ブリティッシュ・コロンビアでも同様の産業が誕生した。

最初、ブリティッシュ・コロンビアの養殖業者は地元のキングサーモンとギンザケを養殖しようとした。しかし、すぐにふたつの問題が持ち上がった。まず、地元で獲れる鮭を養殖したことで、この地域のギンザケとキングサーモンの生産量が増加し、養殖と天然の鮭の価格が両方とも下落した。鮭の養殖が始まったばかりの頃は、天然だろうと養殖だろうと、ギンザケはギンザケとして区別せずに扱われたからだ。そのうえ、養殖のキングサーモンやギンザケは、養殖のアトランティックサーモン（学名 *Salmo domesticus*）よりも生け簀の中で成長するのに時間がかかり、病気にもなりやすかった。

ブリティッシュ・コロンビア州政府はこの問題を解決するため、外来種の鮭の生きた卵の輸入規制を解除した。1985年、ノルウェー産アトランティックサーモンの生きた卵が

チリの鮭養殖場。数万匹の鮭をひとつの生け簀で育てている。

ブリティッシュ・コロンビアに輸送され、およそ2000万年にわたる歴史を経てはじめて、タイセイヨウサケ属が北太平洋に移植された。1989年までにはブリティッシュ・コロンビア沿岸に75か所の鮭の養殖場が作られている。

◉チリでの養殖

鮭の養殖産業に最後に参入し、現在ではもっとも成功した国と言われているのがチリだ。チリはいくつかの利点を生かし、21世紀の最初の10年間の終わりには世界的な鮭の養殖大国となった。

1980年代はじめ、チリに鮭の養殖産業はほとんど存在しなかったが、この国の労働コストの低さと環境規制のゆるさ、協力的な政府と長い海岸線に可能性を見出した日本とノルウェーの企業は、チリでの養殖事業に数百万ドルを投資することに決めた。

また、チリにはもうひとつの利点があった。それは、生存競争の相手となる天然の鮭がいないことで、結果的に天然鮭の地元市場価格を下落させる心配もなく、漁民やその支持者の怒りを買う恐れもなかった。

しかし、チリに本当の強みが生まれたのは1994年で、この年、チリの生産者が鮭のフィレ［鮭を3枚に下ろしたもの］の中央に食い込んでいるピンボーンと呼ばれる細い骨を抜く安価な方法を開発した。食べやすく、調理もしやすい骨取り鮭は鮭産業の標準的な商品になったが、こうした骨取りの手間をかけても採算が合うのは、労働コストの低いチリだけだった（2005年頃まで、小骨取りはまだ半分程度人手に頼っていた）。

◉生鮭、世界市場を塗りかえる

ノルウェーのヒートラの海で始まった実験から数十年たって、消費者の要求に応じて生で届けられる養殖のアトランティックサーモンは、世界市場でめざましい発展を遂げはじめた。

生鮭は1980年の時点では世界で消費される鮭全体のわずか1パーセントにすぎなか

ったので、よほど熱烈なアトランティックサーモンの支持者でもなければ、今日の隆盛は予想できなかったはずだが、たった10年間で養殖鮭は世界中に広まり、それ以外のあらゆる鮭製品に致命的な打撃を与えるまでになった。

１９８５年には一般の消費者が養殖の鮭を食べる確率は20分の1だったが、10年後にその確率は2分の1になった。２００５年には、生鮭を5回食べたとすると、たぶんそのうち4回は生け簀育ちの鮭だという計算になった。

西ヨーロッパのいくつかの地域と日本では、食生活の変化はさらに著しかった。１９８５年から１９９０年にかけて、フランスでは鮭と言えばもっぱら養殖のアトランティック・サーモンを意味するようになった。１９９０年にフランスを訪れて鮭を食べた人は、約8分の7が生け簀で獲れた鮭だと考えて間違いではなかった。その変化はめざましく、養殖のアトランティックサーモンは、魚としても食べものとしても、人間のたった一世代で（鮭に換算すればおよそ15世代になる）、高品質、低価格、そして消費者の要求を武器に全世界を手に入れた。

缶詰から生鮭への転換もまた、天然から養殖への変化と同様、一気に進行した。缶詰の鮭は、あの大規模な世界的リコールによって大幅なイメージダウンをこうむっていた。しかし、それよりも大きな要因は、生鮭が一年中出回ることによって、限られた季節の鮭を長期保存

フェンネルをまぶした生鮭。軽くソテーしたあと、オレンジの細切りを飾って盛りつける。

する必要が薄れたという点だ。

缶詰技術のすばらしさは、人間の創意工夫で天然の鮭の遡上期間を延長させたのと同様の効果を得た点にある。ところが養殖場の鮭は、もはや遡上さえしないのだ。今や人間は、死んで調理された鮭を缶に入れて保存するのではなく、生きたままで保存できるようになった。生け簀は、泳ぎまわる鮭を保存する新しい貯蔵庫となった。缶詰の鮭は今では古臭いイメージになってしまった、と世界の鮭学を代表する学者のグナー・クナップは説明している。言いかえると、缶詰の鮭はおばあちゃん世代の鮭なのだ。

ノルウェーの起業家精神とアラスカの鮭の缶詰の失敗によって、生鮭は品質の点でもすぐれていると主張できるようになり、生鮭に対する消費者の需要はいっそう高まった。１９８０年代になると、消費者はますます食品に高い品質を求めるようになり、養殖の生鮭はその特長をもっとも備えた、理想の食品のように見えた。

あらかじめ意図したことではなかったが、生鮭はすぐれた品質の代名詞になり、生鮭と言えば絶対と言っていいほど養殖のアトランティックサーモンを指すようになった。

こうした状況の中で、大西洋と太平洋の両側に住む作家や食通たちは、たちまち養殖の生鮭に「キング」の名を捧げた。彼らは養殖の鮭について意見を述べあい、味について議論し、天然の鮭の生産が生態学的に限られていることを嘆き、養殖の鮭の価格の安さを称賛した。そうやって議論しながら、彼らはこの新しい食べものに文化的な意味づけを与え、それぞれの国に伝えた。

彼らが生鮭について語ることによって、この食べものはいっそう世間の話題に登りやすくなった。フランスの作家／歴史家のマグロンヌ・トゥーサン＝サマは、著書『世界食物百科』［１９８７年。邦訳は原書房］の中で、味、生態、価格の3点について触れながら、次のように述べている。

鮭がエサを食べる海の環境を奪えば、いつかは天然の鮭を食べる機会が歴史民俗誌研究の実証実験に限られてしまうだろう。

さらにトゥーサン＝サマは次のように続ける。

少なくとも、養殖の鮭——普通はアトランティックサーモン——がすぐれた種であり、ていねいに育てられ、高価な天然の鮭と同じように注意深く処理されているのは確かだ。

養殖の鮭のこうした特色を強調しながら、トゥーサン＝サマはこの鮭を食べるあらゆる理由を挙げて、養殖の鮭は現代的であり、おいしく、倫理的で、値段が安いと述べている。その10年後、アメリカの料理書の著者スーザン・ショーはトゥーサン＝サマが述べた鮭の特長に加えて、新鮮さこそ養殖の鮭を買う第一の理由だとして、「今のところ、消費者は天然の鮭と養殖の鮭の違いがよくわかっていない」と述べた。ショーは次のように書いている。

しかし、消費者は新鮮な（中略）鮭を食べたがる傾向が強い。この点では養殖の鮭のほうがまさっている。なぜなら、太平洋で獲れる天然の鮭を一年中生で供給することは難しいからだ。

以上のような意見は特に目新しいものではないかもしれないが、明らかに、このふたりの作家の言葉は文化と料理の観点から鮭を評価するいくつかの新しい基準を反映している。１９９０年代になると、消費者は新鮮さを要求すると同時に高く評価する傾向が強くなり、その点では養殖の鮭は安い値段で一貫して新鮮さへの期待に応えていること、しかも主にノルウェーの養殖産業の改革のおかげで品質がすぐれていることが――ぼんやりとではあるが――知られるようになっていったのである。

◉新しい定番料理

20世紀半ばの料理書には缶詰の鮭を使った料理が5、6種類載っているのが普通だったが、１９９０年代になると、フランス語と英語で鮭料理の専門書が出版されるようになった。たとえばアメリカではディアンヌ・モーガンの『鮭料理の本 *Salmon: A Cookbook*』、ビル・ジョーンズの『鮭料理のすべて *Salmon: The Cookbook*』、ジェームズ・ピーターソンの『鮭の楽しみ *Simply Salmon*』、イギリスではニック・ネアンの『１００の人気鮭料理 *Top 100 Salmon Recipes*』、テッサ・ヘイワードの『鮭料理 *The Salmon Cookbook*』とジェーン・バンフォースによる同じタイトルの本、フランスではジュリー・シュオブの『鮭 *Le Saumon*』、ブノワ・ヴィッツの『鮭 *Saumon*』、マキシン・クラークの『鮭料理アラカルト *Saumon à la carte*』などである。

どの本にも保存加工された鮭や缶詰の鮭を使ったレシピも何点か載っているが、これらの料理書に満ちあふれる文化的エネルギーは、世界各地の養殖場から出荷される200万トンの高品質な生鮭と、近所の食品店で一年中手に入るこの新鮮な食品をもっと使いこなしたいという消費者の欲求から生じている点に注目しなければならない。こうして生鮭は新しい定番の食品になったのである。

これらの料理書に掲載されている数千種類のレシピの中で、缶詰の鮭を使うものは、載っていたとしてもごくわずかだ。たとえば、75種類のレシピを載せたモーガンの本には、缶入りのチキンスープを使うレシピ（2種類）はあっても、缶詰の鮭を使ったレシピはまったくない。

ビル・ジョーンズの料理書には缶詰の鮭を使うレシピがひとつだけ紹介されている。それは8オンス［およそ227グラム］入りのカラフトマスの缶詰に、スキムミルク、卵、小麦粉、チェダーチーズ、ホウレンソウ、葉タマネギを混ぜて作る、パイ生地を使わないキッシュだった。

わずか一世代前には間違いなく缶詰の鮭が使われたはずの、チャウダー、シチュー、サーモンケーキ、サーモンローフ、スープのレシピでさえ、現在では生鮭を使うように求めている。

◉日本での生鮭

日本でも同じ変化が起きた。世界有数の鮭の消費大国である日本は、養殖の生のアトランティックサーモンを広める市場としては独特の状況にあった。日本の消費者は昔ながらの味を好み、日本産やロシア産のシロザケの燻製や塩漬け、干物を大量に消費していた。生鮭を食べる習慣が入ってきても、1980年代の終わりまでは、北アメリカで獲れたベニザケ——鮮やかな赤い肉と強い香り、しっかりした歯ごたえ——を好んだ。これらの特徴は初期の鮭養殖業者にはまだ作りだせなかったものである。

1989年、ノルウェーの養殖業者販売組織は、日本での市場形成とノルウェー産の鮭の味のすぐれた点を消費者に知ってもらうため、1000万ドルを投じたキャンペーンを展開した。そのキャンペーンは徐々に効果を上げ、キャンペーン実施前の1988年にはノルウェーから輸入される鮭は日本のサケ・マス輸入量の数パーセントにも満たなかったが、2012年には生（冷蔵）で輸入されるサケ・マスのおよそ9割がノルウェー産になった。

一方、1990年代以降は主にマルハニチロや日本水産株式会社によるチリへの投資が実を結び、チリ産の養殖鮭の輸入も増えて、現在冷凍で輸入されるサケ・マスの8割はチリ産が占めている。

生鮭は刺身や握り寿司の食材として定着し、寿司屋や寿司バー、回転寿司のガラスケースの中にも生鮭が置かれるようになった。ベニザケの強い香りやしっかりした歯ごたえを好んでいた消費者の好みは逆転し、ノルウェーの養殖アトランティックサーモンは、たっぷりのった脂とくせのない風味がこれらのレストランで高く評価されるようになった。

生鮭にしろ塩鮭にしろ、鮭は多くの場合食品売り場や家庭で「切り身」の形で取り入れられてきた。一人前ずつ小分けにされたこうした鮭の切り身は日本中どこでも売られているし、さまざまな料理に使われている。使い道が広くて安い切り身の鮭は、日本の家庭料理には欠かせない食材だ。塩漬けの鮭の切り身は通常は網で焼き、ご飯に添えて出したり、お弁当に入れて職場に持っていったり、焼いておにぎり（ご飯をボールのように丸めたもの）の具にしたりする。

◉サーモン・キャン！

１９９０年代の終わりには、規模の経済［生産量を増やすほど生産コストが下がって競争が有利になる効果］、効率的な生産、製品の品質、年間を通じた手に入れやすさ、そして食物連鎖の一部である漁師の役割をすっかり省けるという利便性によって、養殖の鮭が新たな頂点に達したことは確実になった。

多くの点で、これは奇跡のような出来事だ。チリの海岸沿いに作られた養殖場で働く労働者は、夜が白みはじめる前に起き、夜が明けるまでに鮭を獲って処理し、正午までにその鮭をパリ行きのジェット機に積み込む。鮭は夕方には目的地に到着し、ビーツ［赤い色をしたカブのような野菜］やタイムとともにオリーブオイルでソテーされて食卓に上がる。

一方、世界で養殖された鮭のうち、缶詰になって消費者に届けられるのはわずか1パーセント程度になっていたが、アラスカの鮭はその頃になってもまだ缶との結びつきを堅く守り、現代の状況から見ると絶望的に場違いな技術と保存方法に固執していた。

１９７０年代、アラスカの鮭の80パーセントは缶詰で出荷されていた。１９８２年の大規模なボツリヌス菌事件のあとでさえ、アラスカは缶詰の鮭の流行が、それこそ缶を開ければすぐ取り出せるかのように、ふたたび復活するのを夢見ていた。というのも、生鮭市場では養殖の鮭の経済性に到底かなわないとわかっていたからだ。

缶詰の鮭を復活に導くため、政府はアラスカ州で強い影響力を持つ漁業関係者と協力関係を結び、ノルウェーの養殖業者販売組織のアメリカ版とも言うべきアラスカ・シーフード・マーケティング・インスティテュート（ASMI）を設立した。新たに誕生した生鮭市場を完全に放棄したわけではなかったが、ASMIはただちに缶詰の鮭のイメージを立て直す仕事に着手し、「Salmon Can!（鮭はできる！）」［「できる」という意味の can と缶詰の can をかけている］と銘打った世界的キャンペーンを実施した。

当時もなお世界最大の缶詰の鮭の消費国であったイギリスでは、テレビでこんなコマーシャルソングが流された。

サラダを無敵にするのはなに？
サーモン・キャン！　サーモン・キャン！
子どもが喜ぶ食事を作れるのはなに？
サーモン・キャン！　サーモン・キャン！

1980年代を通じて、ASMIは缶詰の鮭で作るサーモンバーガー、ペースト、サラダ、サーモンローフの宣伝を続けた。以前と同じように、消費者の周囲には鮭の健康効果と値段の安さを訴える宣伝文句があふれかえったが、今回はそれに品質のよさと、缶詰の鮭のダイエット効果に関する売り込みが加わった。ＡＳＭＩは学校給食キャンペーンまで開始し、アメリカ国務省の食糧援助計画と手を組んで、発展途上国に余った鮭缶を売りこもうとした。

●アラスカの「天然鮭」

しかし一時は一世を風靡した缶詰の鮭であるが、特にキャンペーンに力を入れた学童や世界の貧困層すら食卓に招き寄せることはできなかった。太平洋産のすべての鮭は値下がりしたままで、缶詰の鮭の在庫は増える一方だった。続いて１９８８年、アラスカの生産者はフランスで養殖の生鮭に対抗するために、規模は小さいが一致協力したキャンペーンを始めた。

養殖のアトランティックサーモンは、アラスカ産のあらゆる鮭製品のフランス市場を壊滅させていたが、アラスカの鮭の生産者は新しい処理技術をいろいろと試し——ある鮭仲買人はマチェーテと呼ばれる長刃のなたで鮭をさばいた時代の思い出を懐かしそうに語った——貨物空輸の進歩のおかげもあって、最高のアラスカ産の鮭を生でフランスに届ける加工業者の数は次第に増えてきた。

この商品をほかの鮭と区別するため、ＡＳＭＩはアラスカの天然鮭の宣伝を繰り広げた。ある広告には「アラスカは自然とともに生きる人々の故郷」と書かれ、鮭の仮面をつけた男女が皿の上で飛び跳ねる絵が添えられていた。言いかえると、アラスカの鮭は天然の鮭、アラスカの人々はこの地球で自然とともに生きるすばらしい人々、というわけだった。

フランスの消費者が品質を大事にすること、そしてアラスカの生鮭が価格では養殖の鮭に太刀打ちできないことはわかっていたので、ＡＳＭＩはこうした広告を通じて、天然であることはすなわち品質のよさだというイメージを浸透させようとした。少なくともこうした観点から見れば、天然であることは自然であること、そして同時に、品質のよい食べものであることを意味していた。

この広告に対する反応は大きかった。ＡＳＭＩは目のつけどころがよかったのだ。１９９１年にはアラスカは総力をあげて、アラスカの鮭とアラスカ州の自然を結びつける世界的キャンペーンを展開した。世界各地で実施される消費者意識調査は、今でもこの結びつきを明白に物語っている。ほとんどの消費者にとって、「アラスカの天然鮭」はひとまとまりの言葉であり、天然食品のパワーを信じる人々から絶対的な信頼感を得ている。

しかし、天然の鮭を広めるためには、精力的なマーケティング活動以上のものが必要だっ

アラスカ州シトカの海産物生産者協同処理場で、世界の市場に向けて生鮭を箱詰めする。

た。

養殖漁業がアラスカの鮭産業にもたらす悪影響を恐れて、シトカ出身のふたりの議員、ベン・グルッセンドルフとディック・エリアソンはアラスカ州でのすべての魚の養殖を禁止するように働きかけた。この提案はいくらなんでも行きすぎだと考える人が多く、『アンカレッジ・デイリー・ニュース』はふたりの活動をやり玉にあげ、アラスカ史上「もっともずうずうしい、特定の利益団体の収入を守るための政治権力の乱用」と批判した。グルッセンドルフとエリアソンは、当時ブリティッシュ・コロンビアの漁業経済が養殖漁業の失敗によって荒廃していたのを見て、この法案は漁業に従事している家族、特にキングサーモンとギンザケの新しい生鮭市場に参入

バターを塗られ、シダー材の上で調理される天然のアラスカ産キングサーモン。

する家族を保護することが目的であると訴えた。3年間の闘争の末、法案HB432は1990年に州議会を通過し、これをもってアラスカは今後一切の養殖漁業を禁止した。

本来、この法案は漁民と沿岸の生態系を保護するためのものだったが、アラスカ産の鮭といえば天然の鮭だということを消費者に広く知らせたという点で鮭産業のキャンペーンと結びつき、さらに価値ある財産を生む結果になった。

◉養殖・天然論争

天然であることがそのまま高い品質を意味するというこの考え方は、半分は正しく、半分は思いこみにすぎなかったが、1990

FRESH WHOLE ALASKAN HALIBUT
U.S.A.
FRESH COPPER RIVER KING SALMON
$17.99
U.S.A.
WE SHIP UPS OVERNIGHT
LIVE PENN COVE MUSSELS

ワシントン州シアトルのパイク・プレース・パブリック・マーケットで、アラスカのコッパー川で獲れた生のベニザケが売られている。

年代になると世界中で現実的な影響力を持つようになった。さらに、ますます多くの天然鮭が生鮭市場に参入して養殖の鮭と直接競いあうようになると、その影響力はいっそう強まった。

あるカナダ人は、太平洋の新鮮な天然の鮭と養殖のアトランティックサーモンの味を食べ比べるテストに参加して、太平洋産の天然の鮭は「野生的で混じりけのない、自然そのものの味がした」と述べた。天然の鮭の味わいがまさっていると主張するために、養殖の鮭が飼育される人工的な環境を指摘する人もいた。その意見を述べた人物は、次のように書いている。

(養殖の鮭は) 鶏肉と同じで、そのうちもっとましになるだろう。ただ、そのためには料理人が相当がんばらないといけない。本当のところ、養殖の鮭はまるで試験管で育てられた魚みたいにエキサイティングな味だ。

『ニューヨークタイムズ』や『ヴォーグ』のグルメ評論家、ジェフリー・スタインガーテンはさらに手厳しい。「養殖の鮭など食べたがってはいけない。あなたはヘルペスに感染していますよと医者から言われたときのショックを考えてごらんなさい。養殖の鮭を食べても同じ気分になりますから」

しかし皮肉なことに、天然の鮭の品質と味をうまく結びつけることができたのは、数十年前に鮭の養殖産業が成し遂げたフードシステムの驚異的な進歩によるものだった。天然の鮭を売り込む人々は養殖産業から技術の大半を借用したが、さらに重要なのは、養殖業者が苦労して築きあげた新鮮さと品質の結びつきをちゃっかり利用したことだった。同時に、鮭漁師や市場売買担当者、処理業者は天然の鮭の値段の高さを逆手にとって、その品質のよさを消費者に印象づけた。すべてが都合よく完璧に運んだ。その結果、天然の生鮭は数少ない高級品として現代社会に徐々に居場所を獲得していった。

天然の鮭に有利に働いたこれらの事情に加えて、1990年代から2000年代にかけて養殖の鮭を襲った逆風が、天然の鮭には追い風となった。この時期に消費者と環境保護団体は、養殖鮭産業で日常的に行なわれている行為を批判する一連の科学的研究結果を入手した。過密状態で鮭を飼育するため、養殖場で抗生物質が使用されていることを問題視するいくつかの科学的研究がテレビでも報道された。

2004年には権威ある科学雑誌『サイエンス』が、養殖鮭の肉はPCB〔ポリ塩化ビフェニルという化合物の略称で、体内に蓄積するとがんなどの原因となる有害物質〕に汚染されており、1か月に225グラム以上食べてはいけないという研究報告を発表したことも反響を呼んだ。また、生け簀では鮭に海シラミの感染が広がって海の生態系が破壊されていることや、鮭の排泄物によって湾や入り江が汚染されていることも公表された。

こうした悪いニュースが伝わったため、鮭を食べる人の多くはもはや養殖鮭の品質を信じることができなくなり、意図していなかったとはいえ、消費者団体や環境保護団体はこれらの科学的発見をまとめて発表したことによって、天然鮭を人間の食物連鎖の頂点に復活させる代理人の役割を果たしたのだった。

アラン・デュカスの南東アラスカ訪問はまさにこの時期にあたり、だからこそ重要だった。デュカスが到着したとき、まだ経済的に苦しんでいたアラスカの漁師たちが知らないうちに、世界中に生で出荷されるアラスカの天然鮭が料理界に復活しはじめたのだった。

アラスカの鮭は天然ものだという認識と、養殖の鮭の社会的イメージダウンを主な理由に、天然鮭を高い品質の象徴とみなし、前衛的で選び抜かれた新しい世界的な食文化を構成する食品のひとつとして利用するシェフやレストラン、そして味にうるさい消費者が増えてきた。ほかに適切な名称がないのでこうした人々を「フーディー」〔料理や外食など、食べものに関心が強い人〕と呼ぶことにするが、これらのフーディーたちは、今いる場所から数千キロメートル離れた海で、ひき縄釣りで釣り上げられて出荷されたアラスカ産のキングサーモンこそ、彼らの価値観を完璧に表わした食べものだと考えた。

ひき縄釣りで獲った鮭を水揚げする。カリフォルニア。

およそ40メートルの深さから引き揚げられたアラスカの天然キングサーモン

アラスカ産天然ギンザケの炙り焼きにパイナップルサルサを添えて

鮭をひき縄釣りで獲るのは確かにひどく非効率的で人件費のかかる漁法だが、その非効率性は――ひとたび値段の高さとして反映された場合は特に――高い品質を意味する新たな指標となった。

野生の呼び声に魅せられて天然の鮭を直火で焼くか、白ワインでゆでて料理する人は、食べものに対するエリート主義をいっそうあおった。しかし、鮭の養殖によって消費者は生鮭を一年中手に入れられるだけでなく、天然鮭の4分の1から2分の1の価格で手に入れられるようになったにもかかわらず、その養殖鮭の利点を主に味や品質、環境への悪影響という点から疑問視するのは、傲慢と自己中心的な美食主義の最たるものだ。前出のマグロンヌ・トゥーサン＝サマは、軽蔑を隠そうともせず次のように述べている。

> 目下のところ、お金に余裕のある美食家は、天然の鮭と養殖の鮭の間にはヤマウズラと養鶏所のニワトリほどの差があると主張している。食べものに関するスノビズムはローマ時代からあった。

トゥーサン＝サマは核心をついている。養殖の鮭に対する否定的な見方をあらためるよう消費者に呼びかける科学的研究結果がいくつも発表された。養殖の鮭を食べることで得られる健康上の利点は、養殖鮭の生産によって生じるコストや不利益をはるかに超えるということが研究によって次々と明らかになったのである。しかし、こうした研究はほとんど消費者の注意を引かなかった。

一歩下がって見ると、養殖鮭と天然鮭の長所に関する論争には、相手に対する驚くほどの悪意が見られる。好むと好まざると、この2種類の鮭をめぐる議論は、すでにカロリーや味、栄養の問題を超えている。2種類の鮭の優劣を競う論争は、食べものに対する多種多様な考えや、食べものとライフスタイルとのさまざまな結びつきの優劣を争うのと同じなのだ。

広い歴史的視野で見れば、天然と養殖の鮭に関するこうした論争の重要性がよくわかる。結局のところ、生鮭はつい最近まで缶詰商品だったという起源がほとんど忘れられるほど、食べものとして社会に深く浸透したということだ。

生鮭が世界にこれほど広く受け入れられたのは、鮭の肉に象徴されるフードシステム内の技術的、社会的、文化的な途方もない変化だけが理由ではない。生鮭は実際に、食品の保存とは逆の方向のことを行なっている。塩漬けや燻製といった保存加工や缶詰は、鮭を調理してブリキの壁の中に閉じ込めるか、塩水の樽に漬けてタンパク質を凝固させて、鮭の自然状態から本質的な部分を取り除くことで鮭を保存した。一方、この新しい生鮭のフードシステムは、もっとずっと自然なものを消費者に送り届けている。この場合、技術は私たちを自然のままの食べものから引き離すのではなく、むしろ自然の食べものに連れ戻したのである。

おそらく、鮭をめぐるこうした新しい論争が苦々しくも激しいものになるのは、私たちの文化というものは、すべて自然から強く影響を受けているからであろう。生鮭を前にするとき、私たちはその鮭が生まれた川や生態系を、その体とその美しさをまざまざと思い描くことができる。その鮭が深い海でかすかに光り、川を遡上する姿が目に浮かぶ。

自然のままの鮭について議論するのも悪くはないが、それよりもっといいのは、じっくり噛んで味わうことだ。

第5章◉終わりに——鮭の未来

天然の鮭を獲って生計を立てている人々がどうなろうと、世界の大半の人間は気づかないし、気にもしないだろう。
——グナー・クナップ

鮭が食べものになるとき、その過程でおかしなことが起きる。自然の中の鮭をあれほどカリスマ性のある生き物にしている性質は、遠くの市場の気まぐれな需要や奇抜な文化、地域的な独自性、好みがうるさい消費者に受け入れられるように、散々いじくりまわされて、別の入れ物に詰め直される。

たとえば、シトカで私が加わっているフードコミュニティ［食べものに関心を持つ人々のネットワーク］と、アラスカから4830キロメートル離れたアメリカ中西部の、私が1年のうち数か月を学生に教えながら過ごす大草原の町で参加している別のフードコミュニティと

アラスカの自然に囲まれた人里離れた小屋で、ブラウンシュガーで照りをつけて料理されたベニザケ。

では、鮭に対する態度がまったく違う。鮭を食べものに変えるためにシトカの人々が受け継いできた価値観や習慣は、アメリカの穀倉地帯の人々から見れば異質で、ときにはばかばかしくさえ見えるかもしれない。

中西部の住民のほとんどは、シーズン最初のキングサーモンの遡上を祝って、儀式にのっとって船着き場を踊りながら行進する官能的な喜びを知らない。クリスマスに自家製の鮭の缶詰を開けて缶に空気が入るあの音を聞くだけで、夏の盛りにアイスボックス一杯のカラフトマスを獲って缶詰にしたときの大変さをまざまざと思い出すということもない。

しかし、食べものに文化的な重要性を与えるのは、このような具体的な価値観のつみ重ねにほかならない。こうした過程を通じて、人間は自然の生き物である鮭を作り変えてきたのだ。シトカにとっての鮭と、中西部にとっての鮭は違う。しかしそれでもなお、世界のどこに住んでいようと、これらの異なる文化的な習慣には絶対に理解できる部分が残されている。結局のところ、私たちはみな同じ人間だからだ。

算数がどこの国でも役に立つのと同様に、マチアス・ジェンセンが開発した魚肉充塡機や、トリグベ・ゲドレムの革新的な鮭繁殖計画も、世界共通に価値があるはずだ。これらの発明によって、自然の生き物である鮭が世界市場に出回る食べものとなり、新たに作りだされたこの食べものを世界の文化は我がものとして受け入れた——おそらくキングサーモンの溯上を祝う船着き場での踊りと同様に、いささか滑稽な儀式をいろいろと行ないながら……。

◉遺伝子を組み換えた鮭が意味するもの

食べものとしての鮭の未来に確実に大きな影響をもたらしそうな出来事は、これまで起きたことに比べればわかりにくい。１９８０年代以降、科学者は遺伝的操作によって、成長の速い鮭を生みだそうと研究を重ねてきた。ゲドレムの繁殖計画はすべての遺伝情報を次世代に伝える鮭の自然な生殖作用を利用したものだったが、彼のような科学者が成しとげた技術革新と違って、成長の速い鮭を作り出そうとする科学者は、鮭の成長を促す1種類か2種類の特定の遺伝子だけを次世代に伝える実験を行なってきた。

生命はおよそ40億年の歴史の中で、遺伝子と遺伝子が作り出す特徴を子孫に伝えることを、もっぱら生殖行為に頼ってきた。しかし30年ほど前、科学者は生殖を実験室で実現する方法を発見し、今日では遺伝子的に改変された数十種類の植物が世界各地で商業的に栽培され、食用になっている。遺伝子的に改変された動物はまだ消費者の手に届く段階になっていないが、鮭は何よりも早くそれを実現しそうである。

その鮭は、マサチューセッツ州ボストンにあるアクアバウンティ・テクノロジー社が商標登録した「アクアアドバンテージ・サーモン」だ。アクアアドバンテージ・サーモンは、養殖のアトランティックサーモンにキングサーモンとゲンゲ（ウナギに似た魚）の遺伝子を組み込み、普通の養殖鮭の半分の期間で成長して消費者の食卓に届けられるように作られている。

アクアアドバンテージ・サーモンは、卵が孵化してからわずか8か月後にグリルド・サーモンとして消費者が口にすることが可能だが、自然の環境で成長するキングサーモンは、8か月では人間の人差し指くらいの大きさにしかならない。

環境や人体への影響を心配する市民からの反対が大きいにもかかわらず、アクアアドバンテージ・サーモンは米国食品医薬品局（ＦＤＡ）の承認を得る可能性が高まっている。そうなれば、アメリカに続いて世界中の政府機関がほぼ確実にこの鮭を承認し、この新しいタンパク質が世界のフードシステムを根本的に作りかえるだろう。それによって鮭の、そしていずれはすべての魚の値段が下がり、海洋性の食品は劇的に手に入れやすくなるだろう。そして、遺伝的に改変された野菜と同じように普及するとしたら、10年以内にこの鮭は世界で消費される養殖鮭の8割を占めるようになるだろう。

豚肉や牛肉、鶏肉、ヒツジ肉に代わる食べものを求めている消費者にとって、アクアアドバンテージ・サーモンは理想の魚であり、それに比べれば養殖の鮭の豊富さでさえ、たかが知れているように見えるに違いない。養殖の鮭を特集する料理書や、養殖の鮭を並べる食料品店はますます増え、特に発展途上国では、一年中生鮭の味を楽しむ人が増えるだろう。この鮭を使ったまったく新しい食文化も生まれるだろう。

アクアアドバンテージ・サーモンは、養殖の鮭がもたらす食文化を反映しながらも、食材としても値段の面でも手に入れやすいという性質を生かして、養殖鮭の食文化を超えるものになるはずだ。栄養面や健康上の観点から見ても、同様に望ましい効果が期待できる。アクアアドバンテージ・サーモンは数千万人の消費者に、タンパク質と脂質を詰め込んだパッケージ商品を送り届けることになるが、その商品は同じカロリーで比べれば、同価格で手に入れられるどの種類の肉よりも栄養価が高いだろう。ここまでは確実に予想できることだ。

◉鮭の未来

しかし、アラン・デュカスが「鮭の王国」と呼ぶアラスカ州シトカは、アクアアドバンテージ・サーモンによって姿を変える新しい食文化やフードシステムの登場で大きな影響を受けるだろうし、そのほとんどは歓迎すべきものではないだろう。

鮭の世界的な価格は急落し、漁師の労働時間にみあう値段がつかなくなれば、苦労して鮭を追いかける意欲もなくなるに違いない。ひき縄釣りのように時代遅れの漁法は、蒸気機関車と同じ道を歩んで消えていくほうが、実際には天然鮭の生息数が回復するからいいのだという意見もあるかもしれない。そう考える人々は、天然鮭の本質と、それが人間にどういう意味を持っているかは、この魚を食べたいという世界的な欲求次第で変わるという事実を見逃している。

この欲求がなければ、鮭の生息地を守ろうとする政治的な意欲や、複雑な科学的問題を解決するために具体的な手段を取る理由もなくなる。そうすれば天然の鮭が持つ文化的な力は、

アラスカ州シトカで、1日の漁を終えて波止場に着いた鮭釣り漁船。

鮭の塩漬け工場がたどったのと同じ道をたどるだろう。鮭を食べたいという欲求があればこそ、地元の海岸から遠く離れた場所で獲れる天然の生鮭の味を知ったときに感じる魔法のような力が生まれるのである。

言いかえると、食文化のシステム全体が、まるでブラックホールのように自重に耐えきれずにつぶれてしまい、そのあとはまったく別の魚でシステムを新たに立て直さなければならなくなる。そしてその魚には、自然の壮大な計画や、人間と鮭が数千年にわたってともに発達させてきた食文化に対する尊敬はみじんもないのである。

アクアアドバンテージ・サーモンが世界的に商品化されれば、おそらく食べものとしての鮭の未来そのものを保存する必要が

シトカの夕焼け

出てきそうだ。もっとも、こればかりは塩漬けや燻製や缶詰では無理だ。

食べものとしての鮭の未来は、手遅れにならないうちに保存する必要があるだろう。その保存法は、鮭と人間という、地球でもっとも驚嘆すべきふたつの生き物の間にある独特の歴史と関係を尊重するものでなくてはならない。その関係がアクアアドバンテージ・サーモンによって今まさに壊されようとしている。

鮭の未来を保存するにあたって、消費者、シェフ、家庭で料理する人、規制機関、科学者、そして官僚は、どのようなフードシステムが望ましいのかを決断しなくてはならなくなるだろう。鮭の王国を存続させるフードシステムを守りたいのか。それともどれほど人工的で過去の歴史とのつながりを失っていようと、消費者の楽園を創造するようなフードシステムを作りたいのか……。

これらふたつの未来には確かに似たところもあるが、決定的な違いがある。それは、人間と食物連鎖の各段階にいる人間以外の生き物をどのように扱うかの違いである。

鮭の王国を守るということは、この魚の奇跡のような生活史と、それが支える生態系、世界各地の鮭漁文化の厳しい仕事と伝統、そして実験室で生まれた人工的な生き物を超える価値を持つ、ある特別な食べものを大切に後世に伝えていくということだ。私たちはそんな鮭を、手遅れになる前に守る必要がある。そして人間の欲望を超えるほど大きな存在のすばらしさと喜びを私たちに感じさせてくれる味もまた、守らなければならないのである。

謝辞

食べものを語ることはコミュニティを語ることであり、鮭について本を書くというこのプロジェクトにとりかかるにあたって、すばらしいコミュニティに恵まれた私は幸運だった。シトカのコミュニティは、私に鮭の持つ真の価値とすばらしさを教えてくれた。彼ら全員にお礼を申し上げたいが、特にタチ・ソポウ、マーシュ・スキール、エリザベス・クックレル、スコット・ハリス、アンドリュー・トムズ、トリスタ・パターソン、アダム・アンディス、ジム・シーランド、ジャスティン・オーバードベスト、トレーシー・ギャニオン、レキシー・フィッシュ、アメリア・バッド、レフ・ファーバー、エレン・フランケンシュタイン、スペンサー・セバーソン、クレイグ・シューメーカーは、それぞれに控えめなやり方で、鮭がなぜそれほど特別なのかを理解する手助けをしてくれた。シトカの外の世界では、ヘレン・シュノーが完璧なリサーチ・アシスタントであり編集者だった。私もいつかは彼女のように賢く勤勉になれたらいいのだが。イリノイ州にあるノックス大学の「食べものにまつわる文学と食文化から食べものを考える」目的で活動する協会は、私が考える数々のアイデアに刺激と活気を与え、ノックス大学はこのプロジェクトの間中、私のあらゆる気まぐれな要求に応じてくれた。特に、本書を執筆中にすっかり天然鮭のとりこになったピーター・シュワルツマン、そしてラリー・ブライトボルドとアンドリュー・メロン・ファウンデーションには、この調査を財政的に支援していただいたお礼を申し上げたい。ニール・プレンダーガストはわれわれの知的探究のすべての点において最高の友人だ。この仕事をしていて、ニールほど思慮に富んだ助言をしてくれる人はめったにいない。しかし、ジア・ブルカヤは私にとってキングサーモンといってもいい。この仕事をしている間中、彼女は我慢強く、親切で、思いやり深く接してくれた。ジア、君がトゥームストーン［アリゾナ州の町］を愛しているのは知っているけれど、君が鮭をもっと愛しているのもわかっている。この本と、この本が与えてくれる喜びをすべて君に捧げる。

訳者あとがき

本書『鮭の歴史 *Salmon: A Global History*』はイギリスの Reaktion Books が刊行している The Edible Series の1冊である。さまざまな食べものや飲みものの歴史や文化を解説したこのシリーズは、料理とワインに関する良書を選定するアンドレ・シモン賞の２０１０年度特別賞を受賞している。

著者ニコラース・ミンクは、アメリカのウィスコンシン大学で歴史学の博士号を取得後、持続可能な食料システムの専門家／作家として、食べもの、文化、環境をテーマにした記事を多数執筆している。また、春と秋にはインディアナ州のバトラー大学で特別研究員として都市の生態系を学生に講義し、夏にはアラスカ州シトカで南東アラスカの天然鮭漁の保護活動を展開している。共同設立者として起業した「シトカ・サーモン・シェア」では、アラスカの小規模なサケ漁師の獲ったサケを中西部の消費者に販売し、収入の一部で漁場の生態系を保護する活動も行なっている。

日本人の鮭好きは、世界でも相当なレベルにあるらしい。著者によれば、日本は世界有数の鮭の消費大国とのことだが、あらためてそう指摘されるまでもなく、鮭は私たちの食生活に深く浸透している。スーパーの魚売り場では、生鮭や塩鮭は季節を問わず不動の地位を占めているし、おにぎりやお弁当、そして和食派の朝食に、鮭はなくてはならない存在だ。本書には、日本に負けず劣らず鮭を愛する人々が、世界各地で鮭をおいしく、しかもできるだけ長期間食べるために重ねてきた努力と創意工夫の数々が次から次へと登場する。鮭を食べるために注がれてきたこの情熱には圧倒されるほどだ。

いったい鮭とはどんな魚なのだろうか。鮭は分類学的にはサケ科の魚で、一般に鮭として食べられているのはサケ属とタイセイヨウサケ属の7種だという。プランクトンからイカや魚までなんでも食べる雑食性の鮭は、並はずれた代謝率と成長率で、海の豊富な栄養をタンパク質と脂肪に変えてたくわえる。どんな海の生き物よりもすばやく効率的に太陽エネルギーを人間に好都合な栄養源に変える鮭は、世界でもっともすぐれた食品のひとつだと著者は述べている。

人間はこのたぐいまれな食べものである鮭をどうやって食べてきたのだろうか。食べることと保存することは一体だと著者は言う。鮭は短期間に大挙して生まれた川に帰ってくるため、すぐに食べられない分は保存しておくしかなかった。著者は鮭の保存方法の進歩をたどりながら、それぞれの保存技術によって生み出された鮭の調理法を紹介しており、本書を読むと、人間がいかにあの手この手で鮭を保存し、食べてきたかがよくわかる。随所で取り上げられる鮭料理がなんともおいしそうだ！　巻末のレシピとあわせて見れば、みなさんもきっとすぐに作って食べてみたくなるだろう。

缶詰が発明される以前は、鮭は塩漬けや燻製、醗酵といった方法で保存されてきたのだが、この昔ながらの保存法を使った鮭の食べ方がじつに面白い。カリフォルニアに住んでいたアメリカ先住民は、鮭を日干しにするか焼いたあとで粉末にし、この鮭粉を材料にしてさまざまな料理を作った。スコットランドでは、産卵して死ぬ間際の食用に適さないと考えられていた鮭を燻製にし、キッパーサーモンと呼ばれる名産品にした。きわめつきに独創的なのはスカンジナビア地方で作られていたグラブラックスと呼ばれる鮭料理で、これは鮭を地中に埋め、醗酵させて作られる。現代ではグラブラックスは埋めない方法で作られるが、アラスカ南西部では今も同じように鮭の頭を地中に埋め、どろどろになったものを掘り出して食べる珍味があるという。

18世紀終わりにフランスで缶詰技術が発明され、20世紀には鮭と言えば缶詰の鮭を指すようになった。そしてこの鮭の缶詰から、サラダ、スフレ、チャウダー、コロッケなど、鮭を使った驚くほど多彩な料理が生みだされた。

20世紀後半に鮭の養殖技術が発達すると、鮭の缶詰に代わってあっという間に生の鮭が鮭市場の中心を占めるようになった。今でこそ生鮭はいつでも手に入り、寿司ダネとしても人気だが、生鮭が一年中出回るようになったのは、じつはそれほど昔のことではない。本来は鮭の溯上の季節に限られるはずの生鮭が年間を通じて供給されるためには、養殖技術と低温流通システム、そして航空貨物輸送の発達が不可欠だった。

食卓にのぼる鮭の切り身ひとつにも、何百万年もの鮭の進化の歴史と、何千キロメートルも大海原を回遊しながら最後には生まれた川に帰りつく鮭の驚異のライフサイクル、そして人間の技術の進歩が固く結びついている。それを知れば、鮭の味わいもまた一段と豊かになるのではないだろうか。

本書の最後で、著者は鮭の将来について、鮭好きな人々には気になる見通しを述べている。それは遺伝子の改変によって、通常の鮭の2倍の速さで成長する鮭が市場で売られるようになる可能性だ。実験室で作られた鮭が安く一年中出回るようになれば、人間と鮭が数千年にわたってともに発達させてきた食文化に対する尊敬は失われてしまうだろうと著者は懸念している。鮭を愛する著者からの、鮭の王国を守らなければならないという警鐘に、私たちも耳を傾ける必要があるだろう。

とはいえ、議論もいいが、何よりいいのはじっくり嚙んで味わうことだと著者も述べているように、栄養たっぷりでおいしい鮭料理を堪能しながら、自然と人間が手を携えて作り上げてきたダイナミックな鮭の歴史に思いをめぐらせていただければ、訳者としてこれほどうれしいことはない。

２０１４年９月

大間知　知子

写真ならびに図版への謝辞

著者と出版社より，図版の提供と掲載を許可してくれた関係者にお礼を申し上げる。

Courtesy of Alaska State Museum, Juneau: pp.78-79, (photos Sara Boesser); photo JodyAnn/BigStockPhoto: p.6; author's own collection: pp.16, 19, 28, 107, 115, 118, 142-143, 147下, 148; courtesy of Willa Brucaya: p.51; courtesy of Molly Casperson: p.141; courtesy of Bruno Cordioli: p.112; courtesy of Ellen Frankenstein: p.123; courtesy of Ben Hamilton: p.160; courtesy of Gunnar Knapp, University of Alaska Anchorage: p.126; courtesy of the Lily Library, Indiana University, Bloomington, Indiana: p.10; courtesy of David Manzeske: p.129; courtesy of NOAA National Marine Fisheries Service: pp.38, 39, 42, 43, 47, 67, 72, 85, 90, 92, 96, 100, 105, 114, 147上, courtesy of James Paulson, *Daily Sitka Sentinel*: p.140; from *Popular Science Monthly*, (1888): p.57; courtesy of the Sitka Conservation Society: pp.9 (photo Adam Andis), 13 (photo Matt Dolkas), 21, 50, 154 (photos Bethany Goodrich); University of Washington Libraries, Digital Collections: p.87; Wiki-Commons: pp.34, 82.

参考文献

Arnold, David, *The Fisherman's Frontier: People and Salmon in Southeast Alaska* (Seattle, WA, 2008)

Augerot, Xanthippe, *Atlas of Pacific Salmon; The First Map-based Status Assessment of Salmon in the North Pacific* (Berkeley, CA, 2005)

Coates, Peter, *Salmon* (London, 2006)

Greenberg, Paul, *Four Fish: The Future of the Last Wild Food* (New York, 2010)

Greenhaigh, Macolm and Roderick Sutterby, *Atlantic Salmon: An Illustrated Natural History* (Mechanicsburg, PA, 2005)

Gulick, Amy, *Salmon in the Trees: Life in Alaska's Tongass Rain Forest* (Seattle, WA, 2010)

House, Freeman, *Totem Salmon: Life Lessons from Another Species* (Boston, MA, 2000)

Knapp, Gunnar, Cathy Roheim and James Anderson, *The Great Salmon Run; Competition Between Wild and Farmed Salmon* (Washington, DC, 2007)

Lichatowich, Jim, *Salmon Without Rivers: A History of the Pacific Salmon Crisis* (Washington, DC, 2001)

Montgomery, David, *King of Fish: The Thousand-Year Run of Salmon* (New York, 2005)

Quinn, Thomas, *The Behavior and Ecology of Pacific Salmon and Trout* (Seattle, WA, 2004)

Roche, Judith and Meg McHutchison, *First Fish First People: Salmon Tales of the North Pacific Rim* (Seattle, WA, 2003)

Taylor, Joseph, *Making Salmon: An Environmental History of the Northwest Fisheries Crisis* (Seattle, WA, 1999)

Walker, Brett, The *Conquest of Ainu Lands: Ecology and Culture in Japanese Expansion, 1590-1800* (Berkeley, CA, 2001)

レシピ集

歴史上のレシピ——塩漬けと燻製

◉鮭の卵のチーズ

カンザス・アカデミー・オブ・サイエンスのためにインディアン史研究家のアルバート・レーガンがルムミ族から取材したレシピ。1919 年。

鮭の卵をアザラシの皮袋に入れ，燻製小屋に吊るして乾燥させ，燻製にする。

………………………………………

◉デンマーク風鮭の燻製

デンマークの料理書より（コペンハーゲン，1616 年）。

1. 生鮭の背中の部分を切り取る。
2. 鮭を桶に入れ，背中を切り取った部分から出る血を両面に塗り広げる。
3. 鮭の両面に塩をまぶし，鮭の厚さや大きさに応じて桶の中に2～3日おく。
4. 風通しと日当たりのいい部屋にこの鮭を吊るし，風が鮭の両側を通るようにする。しばらくして鮭の下を向いているほうに脂がたれてきたら上下を逆にする。鮭を急に燻製にすると腐敗しやすいので，こうした下準備をする。

………………………………………

◉スウェーデン風グラブラックス（埋めない作り方）

ソフィア・リンダールによる料理書『スウェーデン語と英語による料理大全 *Fullständigaste Svensk-Amerikansk Kokbok*』より（イリノイ州シカゴ，1897 年）。

1. 最高の品質の鮭を選ぶ。皮がつやつやして肉の赤みが濃く，中くらいの大きさ（3～4.5*kg*程度）のものがよい。洗って水けをふき，頭と尾を切り落とす。
2. 鮭の胴体に背中から包丁を入れ，できるだけ中骨に包丁を沿わせるようにしておろす。骨を十分抜き，半身をそれぞれふたつに切ってふきんでふく(鮭は洗わないこと)。
3. 細かく砕いた硝石（しょうせき）大さじ1，砂糖スプーン４杯，塩約42*g*を混ぜあわせたものを鮭によくすりこみ，それから肉の面を向かい合わせにして容器に入れる。容器の底には粗塩と生のディルを敷いておく。
4. 鮭の上に覆いをかぶせてその上に重しを置き，鮭の入った容器にはトウヒの枝かそれに類するものをかぶせておく。容器を涼しい部屋か氷の上に置き，食べられる状態になるまで少なくとも24時間漬けこんでおく。12 時間後には取り出して食べてもよいが，実際にはより長く置いたほうがおいしい。
5. 皮をつけたまま，一切れが長く幅広

い形になるようにスライスし，生のディルを飾る。油，酢，コショウ，砂糖を混ぜ合わせたものをかけて食べる。

◉ポッテド・サーモン（鮭の壺詰）

イザベラ・ビートンによる『ビートン夫人の家政読本 *Mrs Beeton's Book of Household Management*』より（ロンドン，1861 年）。

1. 鮭の皮を取り，ふきんでよくふいて身をきれいにする（仕上がりが悪くなるので水洗いしないこと）。
2. ぶつ切りにして塩をすりこみ，よく水分が抜けるまで置いておく。
3. 鮭を皿に入れ，メース，クローブ，ベイリーフ［すべてスパイス］を載せて天火で焼く。
4. 中まで火が通ったら肉汁を切り，食卓に出せる壺に詰め，冷めたら澄んだ溶かしバターを表面にかける。

◉鮭のカソレット

イーディス・クラークの『上級料理の作り方 *High-class Cookery Recipes*』（ロンドン，1885 年）。［カソレットはひとり分の料理を出す器を指す］

パイ生地…約 113*g*
燻製の鮭…約 113*g*
チャツネ…大さじ 2
イングリッシュマスタードとフレンチマスタード
アスピックゼリー…約 240*ml*

1. パイ生地を伸ばし，ブリキのダリオール型［プリン型のような小さな型］6 個に敷く。この型に生米を詰めて天火で焼く。焼けたら米を取り除き，パイ生地でできたケースを冷ます。
2. 鮭を薄く 6 枚に切る。それぞれにチャツネ少量，フレンチマスタード，イングリッシュマスタードを塗る。鮭を一切れずつ丸め，それぞれを油紙に包んで天火でおよそ 10 分焼く。紙を外して鮭を冷ます。
3. パイケースに鮭を入れ，アスピックゼリーを溶かして鮭がかぶるくらいまで注ぐ。ゼリーが固まればできあがり。

歴史上のレシピ――缶詰

◉鮭のサラダ

オリーブ・M・ハルスの『サラダのための 200 のレシピ――30 種類のドレッシングとソースとともに *Two Hundred Recipes for Making Salads: With Thirty Recipes for Dressing and Sauces*』より（イリノイ州シカゴ，1911 年）。

1. 新鮮なレタス 2 玉を，色の濃い葉は外側に，色の薄い葉は内側になるように皿に敷く。缶詰から鮭を取り出し，細かくきざんでレタスを敷いた皿の中央に盛る。塩とカイエン・ペッパー［赤トウガラシの粉］少々で味つけする。酢大さじ 1 とレモン汁 1 個分をかける。
2. 氷の上で 1 時間冷やしておく。食卓

に出す前にマヨネーズドレッシング小さじ1を鮭にかけ，少量のケーパーを散らす。ナスタチウムの花を飾って彩りを添える。

…………………………………………

●鮭のフリッター

サンフランシスコ万国博覧会の『鮭料理の本——缶詰の鮭の食べ方 *Salmon Cook Book: How to Eat Canned Salmon*』より（カリフォルニア州サンフランシスコ，1915年）。

1. ペストリー用小麦粉$1\frac{1}{3}$カップ，ベーキングパウダー小さじすりきり2杯，塩小さじ$\frac{1}{4}$，卵1個，牛乳$\frac{2}{3}$カップを混ぜる。まず粉類と塩を混ぜ，牛乳を徐々に加え，最後によく溶いた卵を混ぜる。
2. みじん切りにした鮭カップ$\frac{3}{4}$と塩，カイエン・ペッパー，そして好みでレモン汁を加える。
3. 揚げもの用のころもをつけ，たっぷりの油でキツネ色になるまで揚げる。キッチンペーパーに載せて油をきり，熱いうちにタルタルソースを添えて出す。

…………………………………………

●鮭のコロッケ

マートル・リードの『魚の料理法 *How to Cook Fish*』より（イリノイ州シカゴ，1913年）。

1. バター大さじ1を鍋に入れて火にかけ，小麦粉大さじ3を炒める。クリーム1カップを加え，とろみがつくまで混ぜながら加熱する。塩，レッド・ペッパー，パセリのみじん切りで味を調え，火から下ろしてレモン汁1個分と1缶分の鮭をほぐしたものを加える。
2. よく混ぜて冷まし，コロッケの形に整える。溶き卵，パン粉の順につけ，たっぷりの油で揚げる。

…………………………………………

●鮭のパティ

ヴェラ・ファン・デル・フォールト（著者の祖母）から教わったレシピ。1960年代。

1. カラフトマス1缶とケチャップ$\frac{1}{4}$カップ，卵1個，砕いたクラッカー1箱分を混ぜ，塩，コショウで味つけする。
2. 手のひら大のパティにまとめる。
3. 植物油を熱し，パティの両面をこんがりと焼く。ケチャップ（できればハインツのもの）を添えて出す。

…………………………………………

●サーモンローフ

ティリー・ブラウンの『アナーバー料理 *Ann Arbor Cook Book*』より（ミシガン州アナーバー，1899年）。

鮭の缶詰…1個
卵…4個（軽く泡立てておく）
細かくしたパン粉…$\frac{1}{2}$カップ
溶かしバター…大さじ4

1. 鮭にバターを加えてなめらかなペースト状になるまで混ぜる。
2. 卵とパン粉をよく混ぜ，鮭に加えてかき混ぜる。
3. 天火用の皿か焼き型に入れて1時間蒸す。

(ソースの準備)
牛乳カップ1を沸騰させ，コーンスターチ大さじ1でとろみをつける。バターか鮭の脂大さじ2，塩少々，カイエン・ペッパーひとつまみで味つけする。1分加熱し，最後に卵1個を軽く泡立てて加える。食卓に出す前にサーモンローフにかける。

………………………………………………

◉そのまま食べる鮭の缶詰

キャリー・エッタ・ドゥエルの『ドゥエル夫人の料理書――実用的な料理の作り方 *Mrs Dwell's Cook Book: A Manual of Practical Recipes*』より（ミズーリ州セント・ルイス，1911年）。

缶詰の鮭はそのまま温めて，昼食会や週末の夕食のメインディッシュにしてもよい。鮭を缶のまま適温に温めたら，皿に出し，オランデーズソースをかけてレモンとパセリで飾る。

………………………………………………

◉鮭のプディング

エステル・ウッズ・ウィルコックスの『新しい実用的な家事 *The New Practical Housekeeping*』より（ミネソタ州ミネアポリス，1890年）。

1. 缶詰の鮭1缶分，または同量のローストした鮭かゆでた鮭を冷ましたものを乱切りにする。それを乳鉢かボウルに入れ，溶かしバター（冷ましたもの）大さじ4を加えて，スプーンの背ですりこむようにしてなめらかなペースト状にする。
2. 卵4個にきめ細かいパン粉カップ½を加えてよくかき混ぜ，塩，コショウ，パセリのみじん切りで味つけして混ぜる。
3. バターを塗ったプディング型に2を入れ，1時間ゆでるか蒸す。

(ソースの準備)
牛乳1カップにコーンスターチ大さじ1を加えてとろみをつけ，鮭の缶詰の汁，バター大さじ1（缶詰の汁を使わない場合はバターを倍量にする），アンチョビ小さじ1，マッシュルームまたはトマトケチャップ，メースかカイエン・ペッパーひとつまみを入れ，最後に溶き卵1個を加えてていねいに混ぜる。1分間沸騰させ，鮭を型から外してソースをかけ，食卓で切り分ける。軽い夕食にぴったりの一品。

現代のレシピ――生鮭

◉フェンネル風味のギンザケ，オレンジサルサ添え

（４人分）
生のギンザケ（または養殖アトランティックサーモン）の半身…450g
フェンネルシード…大さじ3（あらくつぶす）
塩と挽きたての黒コショウ
オリーブオイル

（オレンジサルサ）
小さめのオレンジ…１個。種を取ってあらくきざむ。
小さめの赤タマネギ…½個（みじん切り）
ライム果汁…大さじ１
きざんだコリアンダー…大さじ１
オリーブオイル…大さじ１
ニンニクみじん切り…小さじ１

1. オレンジサルサの材料を合わせる。塩，コショウで好みの味に整え，少なくとも1時間冷蔵する（最長で24時間まで）。
2. 鮭の半身を４等分に切り，全体に塩，コショウする。つぶしたフェンネルシードを全体に押しつけるようにつける。
3. 焦げつかない加工がされたフライパンを中火にかけて大さじ２～３杯のオリーブオイルを引き，鮭の皮側を上にして４分間焼く。鮭を裏返してさらに４分焼く。
4. 鮭をフライパンから取り出し，サルサを４等分して鮭にかける。少量のサラダとともに出す。

……………………………………………

◉しょうゆとバジル風味のベニザケ

（４人分）
生のベニザケ半身…450g
ブラウンシュガー…大さじ２

（マリネ液）
しょうゆ…240ml
ブラウンシュガー…45g
バジル…40g（細かくきざむ）
ニンニクみじん切り…大さじ２
ショウガみじん切り…大さじ２
ゴマ油…大さじ１

1. マリネ液の材料を混ぜ，ベニザケの上から注いで冷蔵庫で一晩おく。
2. オーブンを200℃に予熱し，焼き網にクッキングシートを敷いて，その上にマリネした鮭を載せ，10分間焼く。
3. 鮭をオーブンから出し，オーブンの温度を最高まで上げる。残ったマリネ液を鮭にかけ，ブラウンシュガー大さじ２を鮭の上にふる。さらに５～７分焼く。炊きたてのご飯の上に載せて出す。

……………………………………………

◉ポーチドアトランティックサーモンのケーパーソース添え

（４人分）
生のアトランティックサーモン半身…450g

（ケーパーソース）
ディジョンマスタード…大さじ１

レモン汁…大さじ1
エシャロットのみじん切り…大さじ2
ケーパーのみじん切り…大さじ2
赤ワインビネガー…60ml
オリーブオイル…120ml
ミニトマト…10個（半分に切る）
イタリアンパセリのみじん切り…大さじ1
塩，コショウ

1. 4リットル入るフライ鍋（または深めのフライパン）に2リットルの水と塩を入れ，沸騰させないように加熱する。鮭の半身を4等分してゆっくりと沸騰寸前のお湯の中に沈める。鮭の肉の厚さや火の通り具合の好みに応じて，12〜18分ゆでる。
2. 鮭をゆでている間に，マスタード，レモン汁，エシャロット，ケーパー，赤ワインビネガーをかき混ぜる。オリーブオイルをゆっくりと加えて混ぜる。ミニトマトとパセリみじん切りを加え，塩，コショウで味を調える。
3. ケーパーソースを鮭にたっぷりとかけ，鴨脂［鴨から抽出される脂。風味のよさで人気がある］で炒めたジャガイモをつけあわせる。

………………………………………………

◉焼きキングサーモン、マスタード・クレームフレーシュ添え

漁船ルーン号の船長，マーシュ・スキールによるレシピ。

（4人分）

生のキングサーモン…450g（できれば南東アラスカでひき縄釣りによって獲ったもの）
バター…110g
オリーブオイル…60ml
塩，コショウ

（マスタード・クレームフレーシュ）
クレームフレーシュ*…60ml
粒マスタード…大さじ2
*酸味の少ないサワークリームの一種

1. クレームフレーシュとマスタードを混ぜ，マスタード・クレームフレーシュを作っておく。
2. 鮭を4等分し，好みで塩，コショウを振る。弱火でバターをゆっくり溶かし，サーモンの皮のない側にたっぷり塗る。バターが冷めると鮭の上にバターの「膜」ができる。
3. 鋳鉄製のフライパンを中火にかけ，オリーブオイルを入れる。鮭の皮を上にしてフライパンに載せ，両面を4分ずつ焼く。キングサーモンはミディアムレアに仕上げる。マスタード・クレームフレーシュを添え，つけあわせにゆでたレンズ豆を盛りつける。この料理は古典的なフランス料理をアラスカ風にアレンジしたもの。

ニコラース・ミンク（Nicolaas Mink）
アメリカのウィスコンシン大学で歴史学の博士号を取得後，食べもの，文化，環境をテーマに精力的に執筆活動を行なう，持続可能な食料システムの専門家。インディアナ州バトラー大学都市生態系研究センター特別研究員。共同設立者として起業した「シトカ・サーモン・シェア」は，アラスカの小規模なサケ漁師の獲ったサケを中西部の消費者に販売し，収入の一部を漁場の生態系を保護する活動に還元している。

大間知　知子（おおまち・ともこ）
お茶の水女子大学英文学科卒業。訳書に『新訳文明の中の建築―ウィリアム・モリス芸術講演集』（バベル・プレス，共訳），『ビールの歴史』『シャネル No.5 の秘密』（原書房），『現代の日本政治―カラオケ民主主義から歌舞伎民主主義へ』（原書房，共訳），『世界の哲学 50 の名著―エッセンスを究める』（ディスカヴァー・トウエンティワン）などがある。翻訳協力多数。

「食《しょく》」の図書館《としょかん》

鮭《さけ》の歴史《れきし》

●

2014年10月27日　第1刷

著者……………ニコラース・ミンク
訳者……………大間知《おおまち》 知子《ともこ》
装幀……………佐々木正見
発行者……………成瀬雅人
発行所……………株式会社原書房

〒160-0022 東京都新宿区新宿1-25-13
電話・代表03(3354)0685
振替・00150-6-151594
http://www.harashobo.co.jp

本文組版……………有限会社一企画
印刷……………シナノ印刷株式会社
製本……………東京美術紙工協業組合

ISBN 978-4-562-05103-8, Printed in Japan

パンの歴史 《「食」の図書館》
ウィリアム・ルーベル／堤理華訳

変幻自在のパンの中には、よりよい食と暮らしを追い求めてきた人類の歴史がつまっている。多くのカラー図版とともに読み解く人とパンの6千年の物語。世界中のパンで作るレシピ付。 2000円

カレーの歴史 《「食」の図書館》
コリーン・テイラー・セン／竹田円訳

「グローバル」という形容詞がふさわしいカレー。インド、イギリス、ヨーロッパ、南北アメリカ、アフリカ、アジア、日本など、世界中のカレーの歴史について豊富なカラー図版とともに楽しく読み解く。 2000円

キノコの歴史 《「食」の図書館》
シンシア・D・バーテルセン／関根光宏訳

「神の食べもの」か「悪魔の食べもの」か？ キノコ自体の平易な解説はもちろん、採集・食べ方・保存、毒殺と中毒、宗教と幻覚、現代のキノコ産業についてまで述べた、キノコと人間の文化の歴史。 2000円

お茶の歴史 《「食」の図書館》
ヘレン・サベリ／竹田円訳

中国、イギリス、インドの緑茶や紅茶のみならず、中央アジア、ロシア、トルコ、アフリカまで言及した、まさに「お茶の世界史」。日本茶、プラントハンター、ティーバッグ誕生秘話など、楽しい話題満載。 2000円

スパイスの歴史 《「食」の図書館》
フレッド・ツァラ／竹田円訳

シナモン、コショウ、トウガラシなど5つの最重要スパイスに注目し、古代～大航海時代～現代まで、食はもちろん経済、戦争、科学など、世界を動かす原動力としてのスパイスのドラマチックな歴史を描く。 2000円

（価格は税別）